奇蹟的晚間4小時，改變人生、收入翻倍，
社畜獸醫的時間管理實證

原子時間

The power of the evening routine
that changes the morning

柳韓彬（Ryu Hanbin）著
張亞薇 譯

用減法過生活，用加法看自己

洪仲清 臨床心理師

　　談時間管理，我喜歡從四象限法切入。依據「重要」與「緊急」兩個元素，可以把我們一天所有的事情，歸類到四個象限裡面：重要且緊急的事情（如上班途中的車禍處理）、重要且不緊急的事情（如增進身體健康）、緊急且不重要的事情（如購買限時優惠），以及不緊急且不重要的事情（如漫無目的滑手機）。

　　對我來說，最關鍵的部分，是減少「不重要」類的事情。緊急且不重要的事情，可以拒絕或委外；不緊急且不重要的事情，則盡可能停止。

　　光是讓「不重要」類的事情遠離我們的生活，就會發現時間突然多很多，立馬產生減少壓力的效果。而且多出來的時間，可以拿來進行「重要」的事，這能衍生許多正面的感受，包括自我價值感的提升。

通常我會鼓勵當事人，常看見自己的努力，而不是凡事以結果論斷自己。多做一件事，就給自己加一分。而不是用一百分為標準，少做一件便扣一分，這是個自我挫敗的歷程，最後容易削減做事的動機。

　　於是，「用減法過生活，用加法看自己」，成為我自利利他的心法。

　　講到「用減法過生活」，還有一個常見的應用範圍——斷捨離。當我們誤以為不斷擁有物質，可以增加安全感的時候，可能導致囤積、浪費，不但耗損許多不必要的金錢花用，更是時間的隱形殺手——購買、收納、維護、搬家整理……都在不知不覺中虛度了光陰。

　　斷捨離可以進一步拓展，從物質的整理，到想法的重新檢視。譬如，「不能比主管早下班」這種想法依然充斥在職場，甚至搬上檯面變成主管的口頭要求，儘管違反勞基法。

　　當今斜槓風潮盛行，上班的時候全心全意，下班時間一到，再專注投入自己的「第二人生」，這不是少見的現象。有些在原本全職工作感到倦怠，或者被當成社畜對待而喪失自我價值感的上班族，因為精神上有了另一個寄託，能因此自信飽滿，日子也愈過愈踏實。

　　「下班就是要休息」這個想法，也值得重新省思。如果下班之後所從事的活動，能夠讓自己感覺有意義，甚至是一種自我實現的追求。這對很多人來說，也是另

一種形式的「休息」。

當我們有意識的蒐集「時間的碎片」，好好完成「重要」的事，那會相當有成就感。醒著的時候能盡力而沒有遺憾，睡眠的時候就可以更香甜。

有一個概念是：買錯的東西最貴！

再怎麼便宜的東西，買來之後沒有用到，就是浪費。在能力範圍內的高價商品，只要是能滿足每日生活的需要，那也相當值得。

時間運用的藝術很需要學習，那能影響我們生命的精采。這本書在很多人因為疫情而不得不在家工作，或者是因為疫情而失業的時機出版，剛好帶著我們重新找到方向，幫助我們管理時間，並且重新活出自己。

祝願您，能把時間用在「重要」的地方，讓我們成為重要的人！

不加班、不耍廢，讓時間產生倍效

林靜如 斜槓主婦律師娘

如果讓你的一天不是 24 小時，而是 28 小時，你會想要利用這段時間做些什麼呢？

或許有些人是吃喝玩樂、發呆放空，而有些人是想要多陪伴家人或是更拚命工作，我呢？則會想要用這多出的時間來創造更多的空間。（容後再述）

幸運的是，沒有人可以有特權，所以，不管你再有權、有錢、有勢、聰明、狡詐──沒有用，你的一天，長度就是跟別人一樣。

那要怎麼做才能讓你的 24 小時，不只是 24 小時呢？

在《原子時間》這本書中，作者是一位忙碌的獸醫師，聽起來，這樣的人生應該也不算太差，但是，她卻用自己的獨門的時間管理術，再造自己的生涯，拓展自

己的收入來源，從此，她不再只是一名獸醫師而已。

我相信，大部分人現在的生活，一定被所有加諸在自己身上的責任與承擔所綁架，面對著做不完的事情，不休息會累，休息了，又擔心事情永遠做不完。

其實，你知道嗎？時間是有相對性的，世界上存在著許多方法，可以讓你的一天 24 小時無限延長，甚至永遠用不完，秘訣就在，你怎麼使用它、管理它。

就像本書的作者，明明工作忙碌，但是她堅持不加班、不耍廢，然後把這些別人加班耍廢的時間，拿來發展她的第二、第三、第四……人生，最後，她擁有不只 24 小時的「效果人生」。

她不是天賦異稟，也不是上天眷顧，一切都只是「選擇後的結果」。

她選擇改變，選擇不跟別人一樣，選擇建立新的習慣，這些選擇，讓她心態也跟著轉變，於是，她的第二人生從此展開。

而概括剖析她所做的一切，就是閱讀、學習、記錄、檢視，然後製造內容。

再進一步統整她的行為核心，就是探索自己的興趣與才能。她是上班族，她所做的事情都是利用下班後的時間。

回想我自己，從老公律師事務所的助理＋媽媽開始，也是利用睡前的時間。很多時候，甚至都是深夜 11

點以後，開始寫作、耕耘粉專，最後這些作家、講師、廣播節目主持人以及創業家的角色，一個一個落在我的身上，這些雖然都不是我的規畫，但都是因為我出發了、開始了，才有許多機會出現。

很多人問我，你哪來這麼多的時間，做這麼多的事情？其實，我覺得我比別人多的，不是時間，而是「能量」。我的能量，來自於「在乎」。我在乎，自己有沒有變得更好，我在乎，我重視的價值有沒有得到實踐。

大家有沒有認真思考過，自己想不想要變得更好，要如何變得更好？有沒有自己很想要做到或得到的事物呢？

如果有，時間就不會是問題，因為一切都是優先順位跟方法造成的，而透過這本書，作者把她如何管理她的時間以及人生順位，分享給大家，讓大家能有機會，複製她的多方位人生。

人生可以有不同的面貌

沈雅琪 神老師 & 神媽咪

　　看完這本書後，人生最忙碌的那段時間不斷的浮現在眼前。

　　女兒出生後，白天忙著工作，下班後忙著家務、忙著帶兩個年幼兒子的生活就更忙碌了。因為女兒全面性遲緩的緣故，我開始把下班後排滿各種治療課，帶著她到處去復健。即使積極復健，她的進步緩慢，各項發展比一般孩子落後許多。我最記得在她 6 歲去一個機構做發展評估時，報告上寫著她的發展跟 2 歲孩子無異，我當場痛哭流涕，不知道自己在忙什麼？不知道自己在努力什麼？

　　做了整整 7 年的早療，她還是領了中度手冊，我完全喪失自信、得不到任何的成就感，充滿教不會孩子的挫敗——我是那個每個人都要來告訴我該做什麼才能幫

助孩子的劢涵媽媽，真的找不到自己還剩下什麼價值。

當生活被工作、家庭、孩子填滿時，我還剩下什麼呢？我不想沉溺在困境之中，為了讓自己能夠繼續正向的陪伴孩子，我還能為自己做些什麼呢？

為了記錄陪伴女兒做早療的心情，也分享工作上教學的點滴，我開始每天清晨 4:30 起來閱讀和寫作。女兒黏得緊，只有清晨的時間能讓我安靜的思考。很多說不出口的感受透過寫作釋放，從文章下方的留言得到許多認同和鼓勵，安慰了很多跟我有相同處境的特殊兒的照顧者。寫作變成我很重要的精神寄託。

女兒上國小後早療也結束了，放學時間我只留下必要的復健，費用過高的、太花時間的，會讓她和我不開心的課程全部取消。我帶著女兒一起玩烘焙，但帶著孩子沒辦法去上課，於是我每天下班後看書、看網路學著做。從最基礎的揉麵團、發酵學起，看著自己做的麵包、蛋糕出爐，讓我得到很多的成就感，甚至還去考了麵包、蛋糕的兩張丙級證照。我可能一輩子也不會以這兩張證照為生，但是證明了我有這樣的能力。

原來除了當孩子的媽媽，我還能做這麼多事，而且做得好極了！

作者在書上寫著：「從興趣開始，做喜歡做的事，財源就會跟著來。」

在烘焙社團裡，看到很多媽媽跟我一樣下班後自己

摸索學習烘焙麵包、蛋糕，剛開始可能只是為了讓家人健康，想用安全的材料製作糕點，但愈做愈有興趣，報名上課、認真練習，到後來甚至接單賣產品，有些人還開班授課當了烘焙老師。我們這些媽媽，是不是被家庭耽誤的烘焙師呢？哈！

等女兒再長大一點，等我退休，我就能帶著女兒開一個小小的烘焙室，做我們都愛的甜點和咖啡。

很多人都覺得上班就夠累了，工作＋家庭都快被榨乾了，怎麼可能還有時間有力氣去做其他的事？只要有興趣，都能找到方法。把時間花在自己的成長上，就是最值得的投資。每天即使再忙碌也要留一點時間給自己，成就自己也好、疼愛自己也好，那段專屬的時間，只為了自己。

《原子時間》裡，我看到一位上班族有效利用下班時間，投入興趣，努力栽培自己的實例。書上提供了不同觀念的衝擊和思考，也分享許多發展第二專長的方法，很值得參考。

說不定一個轉念，可以讓人生從此不同。

認真做自己喜歡的事情

鄭緯筌

《內容感動行銷》、《慢讀秒懂》作者
「Vista 寫作陪伴計畫」https://www.vistacheng.com/ 主理人

　　在 Google 搜尋「時間管理」這個關鍵字，可以查詢到 11.6 億筆資料，顯見網路上已有許多相關的資訊。話說回來，「時間管理」也是許多現代人急於想要理解、學習的一種軟技能。

　　坊間有關「時間管理」的書籍，可說是汗牛充棟。比較有趣的是，這些年來我們也可發現包括企業家、學者、醫生和藝人等不同身分的專業人士，都曾書寫過相關的書籍。由此觀之，也凸顯了「時間管理」是一個很生活化的題材，可說是與每個人都切身相關。

　　談到「時間管理」，可能大家並不陌生，都知道其重要性，甚至每個人都有一大堆故事（或者苦水）可以說！那麼，既然這是我們都熟知的主題，為何還需要特別閱讀一位韓國獸醫所寫的書籍呢？

您之前也許沒聽過柳韓彬的名號,她除了是一位學有專長的獸醫師,更令人佩服的是她居然能夠忙裡偷閒,充分利用下班時間發展自己的興趣,以每個禮拜製作一部影片的速度,在短短幾個月內成為韓國知名的YouTuber!

　　不像大多數的上班族辛苦一天之後,回到家後累得只想放空或追劇,本書作者柳韓彬指出,下班之後才是她精采的第二人生。所以,她在下班吃過晚飯之後,立刻展開第二階段的一天。

　　她把大量時間花在拍攝、編輯與後製影片上,同時因為工作的關係,平常也會加入提升工作能力的論壇,或是大量閱讀論文資料,同時也持續閱讀書籍。

　　您可能會以為她是個夜貓子,總得熬夜才能做這麼多事吧?其實不然,本書作者很重視規律的生活作息,所以到了晚上11點左右便就寢,以便儲備體力為隔天做準備。

　　嗯,看到這裡,您可能會覺得很好奇吧!難道作者白天的工作很輕鬆嗎?當大多數人都分身乏術,為何她還能夠游刃有餘,居然有時間和精力做這麼多事?

　　其實,她和我們沒什麼不同,只不過掌握了「時間管理」的幾個重點。舉例來說,很多人都被「重要且緊急」的事務追著跑,每天疲於奔命;反觀本書作者,她卻能堅持擬定例行計畫的3個階段,也就是從建立小事

開始。別小看這些小事，若能持續進行，這也有助於養成習慣。

她每天在相同時間重複執行事務，此舉也有助於建立儀式感，好比固定在晚上剪輯影片，同時堅守自己所設定的時間區段，該就寢的時候就會上床睡覺，而不刻意晚睡。

我很欣賞作者的「時間管理」原則：不求做得好，但求做得久。

要知道，與其追求一時的完美，其實能夠持之以恆往往更為關鍵。對了，她還有一個工作哲學也很值得效法，那就是：喜歡的事認真去做，討厭的事讓它變得簡單。

以我自己為例，我喜歡閱讀和寫作，也時常研究各種數位行銷的發展趨勢。即使再忙，也都會讓自己撥出一段時間獨處，好好的做自己感興趣的事情。

誠然，在這個忙碌的社會裡，大家常常都肩負許多艱鉅的任務，但這些工作未必都是自己所樂於承擔的。所以，我們可以跟作者學習，用認真的心態去對待自己喜歡的事務，至於那些討厭、煩心的工作，就設法讓它變得簡單，力求儘速完成吧！

如果您希望在後疫情時代跨領域發展，又想做好「時間管理」，我很樂意推薦《原子時間》這本好書給您。

從晚上 6 點開啟，
改變人生的奇蹟 4 小時

如果沒有特別的事，我一定會準時下班。當然一個月可能會有一兩次臨時冒出工作不得不加班，但我絕不會沒意義的拖延進度，或者擔心別人眼光而刻意留下加班。

大多數的人下班之後，大概只想要廢來犒賞辛苦的自己，一回到家喘口氣，馬上爽爽癱坐著，滑起手機後就不想動了。幾年前我也是這樣。

當我還是學生的時候，常夢想著能像上班族一樣，下班後去運動、進修，然後用一杯啤酒痛快的結束一天。可是等到我真的當了上班族，要善盡本分的莫大責任感壓在身上，體力消耗、精神耗損全然超乎我的想像。上班剛滿一年時，所有前輩的視線似乎都聚焦在我身上，在連大口呼吸彷彿都會被責怪的壓迫感之中，度秒如年，每天都好不容易撐過 9 個小時才得以下班；回到家

連吃晚餐的力氣都沒有，像廢人一樣躺著躺著就睡著了；感覺才剛闔上眼睛沒多久，又被尖銳的鬧鐘聲吵醒，於是眼角泛淚起身，匆匆忙忙準備好再度趕出門通勤。

就這樣，重複上班下班的生活又過了一個月，我壓根變成工作機器，直到有一天突然察覺到這很不對勁，就像迷失了自己。我開始有種感覺，迫切渴求不是以「上班族的身分」，而是用真正像我自己的樣子過生活。但是我不能馬上辭職不幹，因此，我開始思考，如何把下班後的時間變成有意義的時光。

從迷你 KTV 和逛書局開始

然而，當全身的精氣神已被白天的工作消耗殆盡，回到家要再試著進行什麼計畫，光是用想的就很累人。

我想向自己證明，下班之後還是能夠做些什麼——無論什麼都好。於是我開始下班後不直接回家，起初只是一個人去投幣式 KTV 唱個幾首歌。也許別人看我這行為會覺得很滑稽，好像刻意在勉強自己去做這些有的沒的，但令人訝異的是，雖然只是一天中極短暫的時光，我開始感覺身體漸漸放鬆起來，也逐漸產生了勇氣——那是一種覺得下班之後，自己應該可以再多做點什麼的勇氣。

接下來，我每天都走進半路會經過的書局裡晃晃。對我而言，這是第一次比較正式的下班計畫，就算只是讀15分鐘左右的書，或快速瀏覽文具用品再回家，也能覺得這一天不同以往，有一種莫名的充實感，會讓我心情變得很好。再後來，我開始買書，並在咖啡店讀個一小時左右，有時看閒書，有時也會找和工作相關的資料來讀。

動物總是有適應身處環境的本能，我深刻體會到這句話的意思。就這樣，我逐漸習慣將下班後的時間投資在喜歡的事情和自我充實上，直到現在，我已經能夠完全掌握上班以外的絕大部分時間，下班的時間，就是我的。

也差不多在此時，剛好大學時期和我一起參加話劇表演的劇團代表，問我有沒有興趣表演，在他的提議下，在那一年年底我加入了劇團。我一下班就去劇團排練到10點才回家，反覆過著這樣的生活大約兩個月。在為期10天的表演圓滿結束之後，我產生了自信心，下班後無論什麼事我都可以做得到。從那時候開始，晚間時光完完全全變成了屬於我自己的時間。

下班後，是我的第二人生

下班之後的4小時，看似短暫，對我來說卻是重新

再過一次嶄新的一天。

以前吃飽飽後就腦袋發昏，癱在床上滑手機直到昏睡等下一個明天來臨，後來，這 4 小時我開始用來後製影片，上傳到 YouTube，開始加入可以提升工作能力的社群論壇，或研究論文資料、或只是單純的閱讀。甚至，最近我對手語產生興趣，也開始上手語課了。

每天睡前，我會仔細看一下我的功能性記事本，上面有每小時的記錄，可以檢視當天哪些時段的專注力最高、最適合做哪些事，以及在哪些時段和哪些事情上，我浪費了時間。

同時，我也會上我經營的線上「每天寫功能性記事本社團」，在聊天室裡刊登當天的計畫，和網友互相討論、一起打氣。直到晚上 11 點，我就準時睡覺，為隔天做準備。

這就是我的晚間例行計畫，我的生活常規。

我想做也能做的事情很多，除了獸醫，除了當YouTuber，我現在有時還是演員，有時是線上課程講師。當然了，有時候為了製作影片、話劇表演或開課，例行計畫表會出現一些變化，但多半只是讓時間排程變得稍微緊密一些，原有的行程並沒有被忽略。因此當這些臨時性的企劃告一個段落，我的晚間時光仍然被「我想要做的事」填滿。

就這樣，在下班後展開「第二個一天」，一日兩用，

儼然成為我平凡日常生活的光景。

「晚上」，是你應得的時間

　　政府實施周休二日制度，讓我們擁有了「周末」的法定休息時間；後來開始規定勞工每周工時限制之後，除了工作時間較特殊的人，我們理論上也擁有了固定的「晚上」自由時間。隨著這些年工作時數縮減，無論是生活或文化環境，都為個人價值觀帶來了很大的變化。人們不再認為整天為工作耗盡心力就是理所當然的事，工作也不見得必須是自己唯一的存在價值。從這樣的迷思脫離出來，我們於是開始認真思考，工作之餘的自己、不是上班族的「我」，而是純粹個人角度的「我」，到底喜歡什麼、具備什麼才能。

　　由於多了能夠隨心所欲運用的時間，也讓人們在下班後能開心去做喜歡而擅長的事。

　　很多人說不知道下班後要特別做點什麼，即使是準時下班、可以較早回家的日子，也跟加班沒什麼兩樣，精神呆滯放空，任憑時間流逝，早點睡覺得可惜，想做點什麼事又覺得好累啊有負擔感，結果只是滑滑YouTube、追劇，然後昏昏沉沉的睡著，這樣的人應該不在少數吧！這本書正是為了這些人們而寫的。

晚間時光有多好用？既是讓人生加倍拉長的機會，也是為了賺錢必須工作之餘，可在自己真正喜歡的事情上付出努力的時間。

　　所謂工作與生活平衡，這之中的「生活」，並不是一直躺在床上看 YouTube 和 Netflix 就叫做平衡，如果希望擁有更充實、甚至有實質收益的生活，我建議你把我的時間管理訣竅全部偷學起來，因為我過得比誰都更充實。

LESSON 1
改變之前,先問自己 4 個問題!
—— 誰說上班日只能是工作日?

LESSON 2
掌握原子時間，帶來 4 個美妙的人生禮物
—— 晚上改變了，早晨也會跟著改變

LESSON 3
晚間計畫的起點：人生可以不只一個目標！
—— 用曼陀羅思考法，幫卡關人生找出口

LESSON 4
建立高效的晚間計畫（上）：創造時間自由！
—— 讓 24 小時延長的時間倍增管理法

LESSON 5
建立高效的晚間計畫（下）：活出想要的樣子
—— 養成規律小習慣，讓身體自行啟動

LESSON 6
想要廢的時候怎麼辦：6 種危機處理法
—— 什麼都懶的時候，就只做一點點吧！

LESSON

改變之前，
先問自己 4 個問題！

誰說上班日只能是工作日？

鬧鐘響，起床趕著出門，
下班後如同行屍走肉般躺在床上，
這是原本的反覆日常。
直到有一天突然感覺自己像工作機器，
我察覺到這很不對勁，
決定改變想法。

晚間不是「為了明日而存在」的時間，
而是屬於「今天的自己」的時光。

這個領悟開始改變我的生活。

人生不是逝去，是填滿。
我們不是虛度一天又一天，
是用所擁有的去填滿。

∧
約翰・拉斯金
John Ruskin

明明還有晚上 4 小時，
卻只期待周末？

專注當下，將時間碎片找出來！

　　許多人認為平日是「上班日」，周末是「不上班日」。平日裡只做兩件事：「埋頭工作」和「等待不用工作的周末」，然而好不容易到了引頸期盼的周末，也沒有做什麼特別的事。原本打定了主意，「放假時我要幹嘛幹嘛，還要幹嘛幹嘛！」，然而就像信誓旦旦要發憤圖強的學生，總是等到假期快結束，才感嘆時間都浪費光了！

　　把平日當作上班日，周末當作不上班日，委實是草率定義了「一天」。如果把一整天拆開仔細看的話，平日裡不是 24 小時都在工作，周末也不是 24 小時都在玩樂。但是人們在要上班的周間，往往不會特別想到上班前和下班後可以做些什麼。大家都是這樣，早晨，就是

眼睛一睜開就要匆忙準備趕上班的時間；晚上，則是疲累的狀態下回到家，渾渾噩噩準備結束一天的時間。

像這樣，把平日只侷限在「要工作的日子」，真的會讓你的 24 小時一直處於工作中的心情，彷彿一連 5 天都下不了班！

一般上班族在公司的時間大概 9 個多小時，假設每天睡 7 小時，不工作的時間也還有 8 小時；扣掉通勤，每天至少有 5 到 6 小時是不工作的。當然，還要扣掉處理雜七雜八事情的時間，最後，一整天算下來我們至少還有 3 到 4 小時完全屬於自己。

簡單來說，即使起床後一兩個小時就要出門，在上班前的此刻，就是屬於不用工作的時間；而晚上工作到 6 點左右下班，只要是離開公司的那刻起，同樣也是不用工作的時間。這些時間加起來絕對不算短，最起碼，如果只花在「等待周末」絕對是一種浪費。

我有信心，不再胡亂將時間綁在一起，不再踟躕猶疑，而是專注在每個當下，把細碎如原子的時間碎片找出來，再將每個當下串聯起來，就能拉長可利用的時間。

晚間能做更多事，且不需太多自制力

我一開始也是習慣把「想做的事」集中等到周末才進行。例如我在周末後製要上傳到 YouTube 的影片，除

非周末有其他事情，才會改在平日晚上進行，結果，我發現了有趣的現象：

如果是平日晚上，我只要花一個半小時左右編輯影片，連兩個晚上可以完成，計算起來，剪成一支完整的影片需要大約 3 小時，4 天可以完成兩支。但是如果是周末，一整天下來我能製作出兩支影片的次數卻少之又少，不用十隻指頭就可以算完，反倒需要花上 4 或 5 小時、拖好久好不容易才能完成一支影片──咦，難道平日和周末時間，真的走得不一樣嗎？

據說任何事情想要專心完成的話，需要長而連續的時間。這樣的說法沒錯。因為從開始做事，加速進度，到呈現投入狀態為止需要一定的暖身時間，但這段連續的專注時間只要 3 小時就夠；超過 3 小時之後，即使是同一件事，要維持專注力絕對不容易，我又尤其是那種專注力短而散漫的類型，3 小時對我來說已經夠長了。

當你認為時間綽綽有餘時，效率會降低，擁有很多自由時間反而需要更高的自制力。這時幫自己設截止期限就是很好的推動力，利用平日晚上做事時，上床時間就是很明確的期限。例如我最晚 12 點前一定會上床睡覺，只要訂好睡前必須完成的工作份量，我就能非常專心趕在睡前努力達標。相反的，在周末早晨開始做事時，心裡會覺得反正悠閒充裕、到晚上前還有大把時間，那就慢慢來吧，又不需要趕著做，效率自然有落差。

下班後的時間絕對不算短。假設下班後利用 2 小時投資副業好了，2 小時乘以 5 天，每周就有 10 小時。假設只在周末進行副業，大概周六要花 5 小時，周日要花 5 小時才夠。乍看之下沒什麼，其實這樣一來，包括平日在內，實際上等於一連 7 天完全沒有休息呢！投入副業是好事，但為了副業，沒有周末的生活不覺得太殘酷了嗎？所以放掉周末，學習運用晚上的時間吧！

我想多做點「有的沒的」，人生才有趣

　　公司是「工作的地方」，家是「休息的地方」；早晨是「準備上班的時間」，晚上是「下班後休息的時間」，如果從這些迷思中跳脫出來，下班後真的不做點事情嗎？反而說不過去吧！回到家只想躺平休息的人，看到下班後還認真做事情的人會說「體力真好」，但是請相信我，別人交代的事情和自己喜歡而做的事情，費心費神的程度是不同的。

　　當我開始實踐 4 小時的晚間計畫後，我漸漸領悟到下班後用自己喜歡的事情把時間填得滿滿的，並不會耗盡能量，反而能充電回填活力。

　　只要有活著的基本體力，你就不用擔心體力好不好，晚間計畫和體力充足沒有絕對性的關聯，問題只是

在於能不能適應。只有一開始在改變習慣的過程可能會有點累，等身體適應、找到節奏，就會感覺輕鬆起來。

要不要試著跨越那道牆呢？找出自己喜歡的事然後去做，看見比昨天更進步的自己，會讓自己更加充滿活力。

下班後試著做些什麼好嗎？

累都累死了，躺一下來追劇吧。

☑ 問問自己

你會不會因為明天的壓力，反而浪費今天晚上的時間呢？

⏱ 一輩子只要工作就會快樂嗎？

下班後一天就結束了？那如果退休的話呢？

　　我和已退休的母親經常一起討論，退休後的生活要怎麼過才不會後悔。母親忙碌了一輩子，在五十五歲時退休，這麼長久的歲月中，母親的自我既被「工作」綁住，也被某某某的「媽媽」所束縛。

　　這麼多年過去，等到退休、子女長大成人離家之後，如今母親感覺自己的存在價值也消失了。她從來沒想過自己為什麼而活，做什麼事情會快樂，怎麼填滿生活才不會後悔。

　　直到現在，母親才有餘裕開始思考如何填滿自己的第二人生。

　　韓國人習慣將出生在 1980 年代初期到 2000 年代初期的人被稱為「Y 世代」。按照這個標準，我也是 Y 世

代註1。這個世代的人不認為「工作」等於「生活」，更在意追求工作與生活平衡（work-life balance），不想把精神全部耗在公司，與母親這一代認為「工作」就等於自身價值非常不同。

我想做的事情真的很多，「該如何填滿生活才不會後悔？」

這個問題我是這樣回答的：「把想做的事，按照想做的程度去做。」

雖然我不確定是否所有的人都這麼想，但像我這種對許多事情有著濃厚興趣，喜歡多方嘗試的人來說，真的是最真實的盼望。

為了生活，我們不免還是需要工作領薪水，那麼，在工作之餘，建立有效率的、有品質的、有時間意識感的晚間計畫，就是最好的解答。

不想成為最厲害的獸醫，但想成為生命最豐富的自己

我是在獸醫院工作的獸醫。雖然曾經也碰過工作倦怠期，但本質上我非常熱愛自己的職業，也有想要做得更好的野心，所以晚上會抽出時間研讀相關知識，但是我並不想把下班後所有的時間都用在變成「最頂尖的獸醫」，而且我的人生目標也不是以「最會動手術的獸醫」

揚名立萬。

　　雖然我愛我的工作，但如果一輩子只能當獸醫，我覺得我會變成世界上最不幸的人。然而這個世界告訴我們「只能挖一口井」，叫我們窮盡一生專注在一個領域，為此付諸所有心力，「一輩子只做好一件事」並成為該領域的專家，但我認為這種說法對我來說、或者說對我們這世代的人來說，並不一定適用。

　　就在某一天，我偶然看到一場 TED 演講之後才知道，像我一樣有這種想法的人很多。演講題目是《為何不是每個人都有明確的人生方向》（Why some of us don't have one true calling），演講人艾蜜莉‧霍布尼克（Emilie Wapnick）認為社會似乎為我們建構了一個框架，讓我們在有限的生命裡只尋找一種使命，並且必須為了那個使命而活，但她認為並不是每個人都有必要那樣做。充滿好奇心、擁有具創意的各式興趣的人大有人在，如果你是這樣的人，不妨大膽充分發揮熱情，活出自己。

　　看完她的演講之後，我產生了信心。我下定決心，即使不能成為最菁英的上班族，我也要成為下班後活力滿滿去做各種有趣事情的人。

既然下班了，我就是要做想做的事

　　既然我不是最優秀的獸醫、最棒的創作者，也不是最頂尖的演員，那我還可以做什麼呢——很簡單，我有最強的信心，那就是我很會「做些有的沒有的事」。

　　「為什麼不好好唸書，老是做些有的沒的！」指的就是我。學生的本分是「讀書」，上班族的本分是對自己的工作範疇負起全責，交出一番成果，只是當一個人把自己的存在限制在「上班族」的身分，反而會覺得下班後做「有的沒有的事」很奇怪，這樣一來，不就一天24小時只能以上班族的角色過活了嗎？但是我不希望這樣，我認為下班之後，應該要以各種不同的面貌去活出自己的本分。

　　人們往往會認為工作與生活平衡的條件是「準時下班」，但是我想問問，在不做正職工作的時候，大家是怎麼利用的？那些會高喊「工作與生活一定要平衡」的人，往往不知道除了正職，自己擅長什麼、覺得有趣的事情是什麼。

　　在準備好改變自己、迎接晚上的奇蹟4小時之前，請先想想，自己在工作之外做什麼事會感到快樂，有什麼能力跟工作無關，以及現在或未來還想做哪些「有的沒的」吧！

　　直到現在，我的母親依然為了退休生活要做什麼

而苦惱，我則是為了下班後不虛擲任何一分鐘而努力經營。請記得，跟「幾點可以下班？」比起來，「下班後做什麼？」更重要！

註1：大約相當於台灣在民國 70 ～ 90 年間出生的的七八年級生。

只能一輩子做這種工作了嗎？

我都快忘了，上一次感到
快樂是什麼時候……

☑ 問問自己

除了眼前的工作，還有沒有其他更有趣的事吸引你想去做？

光靠薪水，
社畜有可能財富自由嗎？

未來 40 年只能坐吃山空？

　　每次收到薪水條，我總是出神盯著它看，即使跟上個月差異無幾。薪水條上印著我的名字、職位，還有小巧可愛的薪水數字和密密麻麻的扣減項目。其中一項「國民年金」引起我的注意，以後老了沒有經濟收入時，這就是我的養老金。但是這筆錢真的足以養活我嗎？

　　相信誰都有過這種天真的想像：我退休了，舒服的坐在陽光灑進來的窗戶邊，聽著小貓咪喵喵的叫聲，每天讀著愛不釋手的書打發時間，三不五時安排來趟旅行，就這麼度過閒適自在的餘生。

　　但這種想像不可能輕易變成現實。現實是，等六十歲之後，必須具體規畫，看看該如何撐過接下來長達三四十年沒有穩定收入的日子。幸運一點，可以在六十歲退休，不幸的話可能在五十歲就被炒魷魚。那麼，難

道從二十歲踏入社會開始,在五十來歲離開職場,這中間長達 30 年的歲月裡,我們就得發瘋似的勒緊褲帶,拚死拚活才能賺到安度餘生的足夠金錢嗎?比較好的對策,就是主動創造一份不用等退休,就能做一輩子的「另類工作」。

多數領薪族都是隸屬於企業的小小員工。以公司為單位,巨大業務不斷細分化,最後成為專業化的細微項目,指派給每個人執行。工作年資愈高,對負責的工作愈來愈上手,就像功能良好的齒輪轉動順暢一樣。**但是這種功能唯有當齒輪裝載在機械裡時才能夠發揮,想想看,一個離職的社畜、退休後的齒輪,還能獨自發揮什麼作用嗎?**

我很感謝目前這份讓我餬口的工作。我有時也會犯錯,闖了大大小小的禍,讓上司對我搖頭,即使如此,每個月還是能順利領到薪水。「又到發薪日了!」這是多麼令人安心、讓身心靈得以穩定的事情!當然,除了領錢,日常工作中和同事們齊心合力達成共同目標,向彼此學習,這也是很珍貴的過程。身處團體中才能感受到的歸屬感和連結性,對許多人來說是非常重要的生活要素。

然而,**撇開上班做的事**,其他只有自己才做得到、最得心應手的,不需要上級批准,可以自己主導的事情也同等重要。這種能力很可能會成為脫離團體之後,可

以持續一輩子的「真正穩定的工作」。也因為這樣，我開始善用下班後的晚上時間，去嘗試去拓展各種從頭到尾我可以自己作主的計畫。

收入和快樂，兩者我都想要

回想一下小學社會課中學到有關工作的定義註2。工作是為了賺取生活所需的金錢，在固定時間內做事；除了獲取收入之外，工作也為我們帶來快樂和價值。金錢收入和心靈滿足，兩種要素都很重要。但是等到真的出社會開始工作，大部分的「社畜」們上班時埋頭苦幹，一心只等著發薪日，一天又一天，撐完白日工作時間，下班前眼睛盯著電腦上的時鐘，巴不得能夠早點離開公司。能在工作過程中感受到「快樂」和「價值」的情況不能說沒有，但往往比想像中少。但如果因為這樣而脫離職場，難道就能在別處找到更多自我肯定的「快樂」嗎？別鬧了，別說快樂，連基本收入都飛了！那麼，揮霍著用血汗換來的薪水當老本，物質上享受到的痛快難道就是真正的快樂嗎？

想像一下，假設你一方面樂在工作，但不工作的其餘時間也能有收入進帳的話又是如何？有這麼美的事嗎？這簡直就是社畜一族的烏托邦！你一定覺得是說夢

話吧！但我的目標正是如此：愉快的工作，同時做自己想做的事來賺錢。有句俗話說：「No pain, no gain.（無勞則無獲）」但我非常討厭這句話，況且痛苦（pain）如果不是我自願選擇的，而是外在加諸於我，我當然不會心甘情願接受或忍耐。

收入和快樂，兩者我都不想放棄，所以我選擇下班之後從事喜愛的事情，創造自主性收入。

我演舞台劇也當導演，更成為 YouTuber

新韓銀行在 2019 年 9 月到 10 月以 1 萬名工作人口為對象進行調查，根據《一般人金融生活報告》註3 結果顯示，每十人有一人已擁有兼職，每十人中有五人未來想要有兼職註4。隨著「斜槓」這個更進階的新詞彙流行起來，多重職業的關注度攀升，YouTube 也出現「斜槓人生代理」等傳授副業訣竅的熱門頻道。此外，線上課程平台也增設如何在下班後經營購物商城和製作銷售電子書的課程，教授本薪之外的賺錢方法。

過去提到副業時，我首先想到的是下班後去當代駕或清晨送報等工作，但現在不一樣了，會多考慮做自己真正喜歡的事情。一開始只是想，下班後可以做點什麼有趣的事？後來進而變成「可不可以用我喜歡的事情來

賺錢呢？」

　　利用喜歡的事情來創造收入的人愈來愈多，於是又出現了「興趣創業者」（Hobby-preneur）這個新單字，是由代表興趣的「hobby」和開拓之意的「preneur」結合而成。

　　我漸漸在舞台劇和電影中演出並獲得片酬，有時也親自掌鏡拍攝電影。一開始只當作興趣，利用在大學社團學到的演技來增加收入，後來在電影拍攝現場待久了，看著看著，偷偷學到了許多寶貴的方法，抓到拍攝和剪輯的竅門；也多虧了這些拍片和編輯影片的能力，我現在還能透過自己拍 YouTube 影片增加收入，成為以興趣為起點來賺錢的「興趣創業者」。

　　現在你已經擁有名為「工作」的安全裝置，有基本收入作為保障，即使興趣無法立刻為你賺大錢也無妨，只要抱著「我喜歡」的心態，就能利用晚上時間一步步挑戰創造副業。不要小看年輕時開始的這些第二或第三種工作，到了六十歲之後，也許能夠養活你也說不定呢！

註 2：《小學社會概念辭典》（韓語），高明順等五人合著，貓頭鷹出版社，2010 年。
註 3：《一般人金融生活報告》，新韓銀行大數據中心，2020 年。
註 4：在台灣，根據 2020 年人力銀行「上班族兼職現況調查」，有高達八成六的上班族有興趣找兼職，其中有 26.6% 平時以兼職工作為主，9.0% 上班族同時有正職與兼職。（資料來源：https://udn.com/news/story/7269/4643475）

☑ 問問自己

只有一種收入來源，就能養活自己一輩子嗎？

等辭職或退休，
就能做想做的事嗎？

只做喜歡的事情，就能快樂嗎？

　　上班族之間平常最熱門的話題應該是「辭職」和「創業」。最近韓國甚至還出現一個詞「辭準生」，是把「就業準備者」的簡稱「就準生」改個說法衍生出來的新造詞。某人力網站針對近三百名上班族進行問卷調查，其中 46.1% 的人表示只要機會來臨，隨時準備辭職註5。想要辭職的最大原因是對於工作的滿足感低落、缺乏成就感。

　　以現在的景氣狀況，找工作並非易事，找到第一份工作的時間愈來愈久，然而辭職速度卻愈來愈快。諷刺的是，漫長的「就準」結束之後，不少人便開始著手「辭準」。但從另一個角度來說，或許這代表了「上班」對很多人來說，並不只是為了餬口飯吃而已。

養活自己是很重要的一件事，但年輕人一代比一代更有主見，已不再只滿足於被指派工作，同時也希望獲得成就感。偏偏愈是重視成就感的人，愈是容易想辭掉工作、發願做自己喜歡的事，追求自我實現。其實這份心情你我並無不同，因此某種程度來說，常常閃過念頭「不想做了」的我們，也都算得上是「辭準生」不是嗎？但問題在於，辭職後經濟緊縮，壓力隨之來臨，此時只做喜歡的事情就能滿足你的生活嗎？可別小看，有這種錯誤期待的人不在少數。

　　創業也是一樣，辭掉工作後，要純粹以興趣去創業其實是非常不容易的。原本當上班族，是組織內的一員，有分工、有 SOP 可依循，突然間轉變成大小事都得靠自己決定處理，同時又必須創造合理利潤，對從來沒有半點經驗、壓根沒有以自主方式工作過的人而言，比想像中更為艱鉅，而這也是許多人在創業路上走不下去的主因之一。

　　我喜歡新的經驗，只要是看起來有趣或有意義的事情，即使從沒做過也願意去嘗試，但我並不是一個很大膽的人，其實我很膽小，也喜歡安穩。那怎麼可能既喜歡挑戰又追求穩定呢？或許聽起來很矛盾，但這兩者用來形容我的確非常貼切。對我來說，新鮮事物會燃起我的興致，但危險不確定的事物則澆熄我的熱情。

我很膽小，所以從微小的小事著手

俗話說「背水一戰」，是一種背對河流布列的陣式，比喻在沒有退路的情況下，帶著破釜沉舟的覺悟去迎戰。這是源自於漢朝名將韓信取得勝利的一場戰役，但事實上這種戰法未必適用在其他戰況，事實上在許多戰爭中，莽莽撞撞的背水一戰反而是一種失敗的策略。

人愈是懶惰，就愈會畫地自限，覺得要把自己放在極端的處境中才有辦法改變，彷彿沒有斬斷後路就什麼都做不好。「辭職以後，我要寫網路小說。辭職以後，我要經營 YouTube。只要辭職，我做什麼都好。」

平常總認為太麻煩，覺得沒時間，用各種藉口推延，非得等狀況迫在眉睫，面臨存款見底的極端狀況時，才不得不去做，所以這種說法某種程度上當然也有道理，就跟報告截止日前夕，或考試前一天腎上腺素爆發，才發揮超人專注力是一樣的。但是因為狀況緊急而趕鴨子上架完成的作品，真的都能獲得好評嗎？考試前一天臨時抱佛腳取得的成績，真的會讓人滿意或能轉化成自己的學問？對很多人來說，也許孤注一擲的成果還算不錯，也不免為此感到滿足，但如果不是硬著頭皮上場，是不是有可能獲得更好的結果？被逼入困境的人，未必會失敗，但做出來的事情往往難以優雅從容。

從這個角度來看，「唯有辭職之後才會有時間、

才有自由去做想做的事情」，也許只是一種固有成見。光靠晚上時間就可以做到很多事，但也可能做不到很多事，但請試想，那些你「想做的事」，是否真的只能在辭職後才能做，還是你只是找藉口拖延而已？

　　很多人會說，我就是很懶得開始啊！如果認為自己很懶惰，那就更不能急著胡亂下各種大決定，先從非常微小的事情開始著手吧！下班後要再去做新的事情難免需要一些體力，但起碼試試看自己能不能每天反覆去做，一點一滴都無妨。在斬斷退路之前，總要先了解那是不是有機會獲勝的戰術，以及自己是否擁有一定程度的兵力。人比想像的更堅強，但也比想像的更脆弱，被逼到困境時有可能激發出超人般的神力，但也有可能被擊潰。這也是我後面幾章會提到的，如何不用意志力硬撐，而是養成生活的節奏，培養出最順勢的習慣來累積成果。

註 5：《上班族辭準生現況調查》，Job Korea，Albamom，2018。

等我辭職，我要來經營 YouTube

哎呀，還是先休息一下吧！

☑ 問問自己

那些你打算辭職之後想做的事，等到離職後真的會做嗎？

如何找出
下班後能做的事？

　　下班後想要做點什麼，但又不知道到底能做什麼事的人很多。

　　不希望只擁有乾巴巴的社畜人生，有意嘗試副業，但實際上要開始時卻抓不到重點。這很正常，幾乎沒有人能在決心利用下班時間來做點「什麼」時，就馬上找到最適合自己的事情。我也是經歷過許多次的反覆嘗試，碰壁好幾回之後，才找到適合自己的晚間活動，形成例行習慣，更進一步變成一點都不勉強的日常作息。

　　如果規畫得好，晚上時間可以做的事情遠比你想像的要豐富多元，只是在思考計畫之前（尤其是如果有野心挑戰「副業」這種規模的事情），需要考慮以下幾點：

1. 選擇讓你有一點小忙，但壓力較小的事情

　　一開始要利用晚上時間並不容易。當日常工作消耗了體力和精神，回到家後總感到精疲力盡，如果你做的事情感覺也像在工作，就等同加班一樣令人感覺疲勞。想想

看，即使是覺得疲累的日子，總有一件事情能夠使眼睛一亮，不一定非得有建設性不可。看場電影、欣賞 K-POP 音樂等，只要是自己喜歡的事，就訂個時間持續去做。

不間斷累積下來的資訊，有可能成為未來創造利潤的資源。

2. 事先計算需要付出的時間和成本

開始嘗試新事情時，熱情很重要，但現實面的時間和費用成本也必須事先計算，尤其是想要投入副業的人，先了解成本更是至關重要。若缺乏盤算，很可能有一天會突然發現，你的投入反而奪走太多時間和金錢，勞神傷財，導致興趣反而變成負累，甚至前功盡棄。

我幾年前曾經為了開發行事曆 app 去聽了很多講座，大約投入了 300 萬韓元（約 70,000 元台幣）的製作經費，但最後放棄了。app 研發費用要數千萬韓元（約數十萬台幣），開發出來之後，要長期經營所花的時間和人力更是相當可觀，但我對這樣的成本卻是後知後覺。

如果不能先了解、推算副業所需的時間、費用和人力，很容易傻傻做了白工。

3. 先試試水溫，不適合要有放棄的勇氣

絕對要記得，副業顧名思義就是「副」業，我另有發揮專長的本業，因此嘗試一下副業，即使失敗也無妨，

就當作試水溫，不適合的話可以停止。我們學生時期在大學選系時會感到壓力很大的原因，就是要把實際上沒試過的事情訂為一生的職業，但現實是好不容易歷經大考小考才選擇的主修系所，最後也不一定會成為做一輩子的工作。相較之下，要記得副業是更輕鬆的事，多方嘗試，不適合的話只要換一種就可以了。

這樣的想法也許不符合許多教人「無論如何要堅定努力走下去」的勵志哲學，但我想或許反而能讓正在讀這本書的讀者們產生「不妨一試」的勇氣。

下面列出所有我曾經試過而失敗的副業，這可不是只有區區一兩樣呢！就是因為經歷過許多次的嘗試和失敗，才終於找到適合我的副業。

以下是我長長的失敗清單：

★ **Instagram 網紅**：我不太會拍網美照，對最近流行的網美風格又無法理解，所以放棄了。

★ **學舞**：我比自己想像的更舞痴，所以放棄。

★ **挑戰音樂劇演員**：光是演戲對我而言是有趣的，但若要作為全方位藝人，我承認資質不足，因此決定只專注在舞台劇和電影，就別開口唱了。

★ **製作長期英語教學課程**：我個人的英文能力進步得慢，要推出教學課程太不切實際了，因此中途放棄。

★ **製作銷售電子書**：直接被交易平台拒絕了。

★ **販售圖檔照片**：我沒有車，要外出四處拍照有難度，於是放棄。

★ **學習 Adobe InDesign**：粗枝大葉的個性讓我很快失去興致。

★ **學習繪圖，畫網路漫畫**：繪圖也不太適合我的個性，加上會花很多時間，因此放棄。

★ **經營獲利型部落格**：當時我不是以自己有興趣的主題為主，而是根據網路熱門關鍵字去寫文章，很快就感到無趣而中斷。但之前上獲利型部落格相關的課程，曾花了我數十萬韓元（約數千元台幣）。

★ **製作行事曆 app**：開發費用比我預計的高出許多，最後失敗告終。

★ **開設「說書」的專業 YouTube 頻道**：我喜歡讀書，但寫書評太困難了，於是放棄。

　　說不定這當中有適合你的副業呢！而我以出擊十次會命中一次的一成機率，最後依然找到了適合我的副業，在下文會一一述說。

　　如果你還不確定自己喜歡什麼，不妨先稍微試個十次水溫吧——因為是副業，只要事先掌握成本，失敗沒那麼可怕呢！

LESSON

掌握原子時間，
帶來 4 個美妙的人生禮物

晚上改變了，早晨也會跟著改變

把想做的事情從小到大，
訂出不同階段的目標，
在每晚按照計畫一步步去完成。
自己喜歡的事情能做出成果，
這創造了我的生命活力，
從此不再感覺自己是只剩下疲憊的社畜。

睡前開始期待明日，
早晨眼睛一睜開，就感到幸福。

一天就足以使我們更強大。

∧

保羅 · 克利
Paul Klee

⏱ 自信：
證明自己，我是有價值的

提升自信，變成全民運動？

　　每天在公司和家庭之間穿梭，終於迎來周末，但不知為何放假日過得好快，只要到了周日晚上，就開始有種快要進入周一症候群的憂鬱感。我的存在就是某公司的某職員，有時業務沒能處理好，被上司責備，頓時感覺自我價值被否定，變得更加鬱悶。長久惡性循環，不免令人開始思考問題出在哪裡，不少人開始自我懷疑，「會是我自信心不夠嗎？」在許多社群媒體，也很常看到大力提倡大家要幫自己打氣、提升低落自信的方法。

　　不知是什麼時候開始，「培養自信」蔚為風潮。細數以下這些問題：對什麼事都提不起勁，一點小事就容易感到厭倦，覺得自己的人生很無奈很可悲，人際關係不順利──很多人以為這些心理問題的根源都是自信

低落所造成的，好像只要提高自我肯定，所有問題都會迎刃而解。所以現代人不惜花費金錢和時間，忙著參加各種五花八門的課程，例如能提升自信的諮商、去學冥想找到自我覺察……期望透過這些課程能振作低落的自尊、找回對人生的自信，有這種需求的人並不在少數。藉由這些管道或課程，如果真的可以重拾自信、正向面對人生，那的確是一種幸運，但殘酷的是，光憑兩三次的課程或思想訓練是很難見效的，反而因為無法長久維持效果，開始患得患失，容易反覆歸咎是「自己的錯」而陷入自怨自艾的低潮。

如果一個人能永遠自信滿滿、自我肯定感屹立不搖的話該有多好！但是不斷催眠「你現在這個樣子也無妨」、「你這個人其實很重要、很耀眼」，一直這樣自己喊話、自我安慰，對一個自信低落的人真的能起到效果嗎？至少對我而言，顯然並不管用。

副業，讓我活出職場之外的人生

我小時候是個沒有自信的孩子，為此拚命讀了好多勵志書，但這些書不管是什麼派別、內容如何，最後教導的方法多半殊途同歸：會再三提及「我很重要，我很特別」等類似咒語一樣的句子，並提醒讀者要時時放在

心上形成念力。唸得久了，我都快會背了。有好一陣子，我就這樣按照書中指引，不斷背誦這些心靈雞湯幫自己打氣，然而從某一天起，我突然醒悟，光靠著在腦海裡回誦這種魔咒般的金句，都只是空談，依然無法獲得我內心渴望的自信感。

我真正想要的，別無他法，唯有透過身體力行、實際獲得成就才能得到——就算搞砸眼前的工作，我在其他領域仍然是有用的人，這才是自信的重點！但要如何讓自己相信這一點？很簡單，需要實證。

於是，我利用晚上時間創造實證。

這麼說並不代表下班後仍然被上班時的壓力所束縛，而是轉換焦點、專注在自身，按照自己訂下的例行計畫去執行，找出擅長的事情，甚至開創能帶入財源的副業。

一旦獲得實質的收穫，看得見成果，即使沒有一直自我催眠「我很重要，我很特別」，也能真正感覺自己很重要、很特別。

公司並不是我的全部。多虧我的副業，我不再為了謀生必須強迫自己將就一份工作，反而變成將工作視為自我實現的許多方法之一。有趣的是，如此一來，我變得更喜歡原本的工作了！不只對本業樂在其中，也能做得更好；不再是為了怕被罵而努力，而是為了發掘樂趣而全力以赴。我也得以脫離每天上班就等著下班，只能

盼著周末的「等放假人生」。

當我不把自己侷限在公司裡的角色，而是在公司之外發掘自己的用處時，就能夠活出職場外的人生。

沒錯，利用晚上時間，就能開創另一種生活！再小的事都好，訂下微小輕鬆的目標去實踐，就能親眼看到自己一項一項達成了。只要你和我一樣能意識到：就算偶爾在負責的工作上犯了小錯，被上司責備，但我們很清楚公司裡的自己並不概括你的全部人生，如此就能從容的重新振作，而不致一遇挫折就一蹶不振。

好累！今天又是疲憊的一天。

嘿！但真正的一天現在才要開始！

☑ 問問自己

沒有道理你只能在公司裡尋找自我存在的價值！

⏱ 斜槓：
上班族也可以有各種夢想

我的選擇：從電影系到獸醫系

我唸獸醫大學時加入了劇團，但當時我對自己的人生完全摸不著頭緒，每天自我懷疑、心煩得不得了。我心想等大學畢業後我一定會放棄演戲吧，畢竟如果要走劇團工作這條路，那幹嘛現在這麼辛苦唸獸醫大學呢？但愈是想不透，我就愈不想閒下來，拚命參加各種學校活動，甚至連體育比賽也一個都沒漏掉，即使是日程緊湊的期中考時期，也沒有缺席劇團任何一場表演。但無論我再怎麼努力，仍感覺不踏實，像無頭蒼蠅般的忙亂又茫然。

之所以會這樣，是因為直到高三前，我的夢想都是當舞台劇演員。

我永遠無法忘記學生時期第一次在小劇場看到的舞

台劇。不同於去電影院看電影，我會覺得銀幕裡的世界和我有所隔閡，但劇場不是，在那一場演出中，演員飆了一場發怒的戲，力道深深震懾了坐在觀眾席最後一排的我。

國三時，我在沒有學長姊和學弟妹加入的情況下，和同學一共三人聯手創了戲劇社，更參加青少年舞台劇節。劇本是我寫的，主角是我演的，我親手貼上壁紙，掛上背景道具，站上了舞台。站在所有細節都由我掌握的小世界，我暗下決心要當一個在舞台上實現想像世界的人。

所以我高三時申請戲劇電影系作為第一志願。在最終一場面試，考官之一是我很尊敬的演員兼教授，看到他，我簡直變身為看到偶像的粉絲！但是教授面試我的時候，提出的問題讓我深感衝擊：「除了演戲之外，妳有沒有其他喜歡或擅長的事？喜歡演戲和把演戲當作職業是兩回事。」這番話聽起來，彷彿就是不讓我過關的意思。最後我沒考上，還埋怨了教授好幾天。

後來我決定重考，有了再次選擇主修科系的機會，我不斷回想教授說的話。「除了演戲之外，有沒有其他喜歡或擅長的事？」想了又想，我喜歡動物，也喜歡無微不至的照顧別人，於是我選擇獸醫系，花了一年時間認真唸書，最後考上獸醫大學，成為獸醫。

夢想不一定要變成「職業」

也許有人認為我放棄夢想,與現實妥協而選擇了獸醫的職業,我一開始也是這麼認為,甚至於當我在舞台上遇見戲劇系本科畢業的人們,還會感到忌妒。我很羨慕他們達成我所無法觸及的夢想,並因此感到氣餒。有一天,在劇團表演時我聽見工作人員對我說:「以一個獸醫來說,妳算演得很好了。」我無法反駁,只能用緊張的聲音回答「謝謝」。

但是當我開始建立晚上計畫、把每日的晚間完全變成自我發揮的時刻,我產生了一步步實現夢想的信心,想法也改變了。如今,我並不是放棄夢想與現實妥協,而是同時抓住了現實與夢想。我理解一件事,並不是非得要把夢想變成「職業」才叫達成夢想。也許別人可以隨意定義我,但我現在已經不在意了。

成立上班族劇團「極軟骨」的崔志郁先生,是一位標準的上班族,他所帶領的劇團成員也都是平凡的上班族,有畢業於法律系的律師、在律師事務所工作的人、公務員、補習班講師等各種職業的人。他們白天在各自的工作崗位上盡責,到了晚上 7 點,便聚集在練習室準備表演。團員們的共同點是他們大多曾經想當全職演員或戲劇策劃人,有段時間投入全部的時間精力,以戲劇相關工作為職志,只是後來因為不同原因各自選擇了其

他主業。崔志郁說，可能有人會說他們與現實妥協，把原本的戲劇夢轉化為業餘興趣，但與現實妥協這件事說來輕鬆，實際上絕對不容易做到，為了同時抓住夢想與現實，需要無比艱辛的努力。

擁有雙重跑道的人生並不輕鬆。讀獸醫大學時，一邊唸書一邊跑劇團的滿檔生活消耗我大量的體力，當時，我動不動就把「好想隨便選一邊就好」掛在嘴上，但這不是我的真心話。無論是獸醫大學的學校生活也好，我夢寐以求的劇團生活也好，我都非常喜歡，哪一邊都不想放棄。

就如同現在一邊在職場工作，一邊堅持各種或大或小的夢想，此刻的心境也是如此。即使有時會有身心疲憊、什麼都不想管只要休息的感覺突然湧現，但我仍然覺得，可以同時做好幾種事情的人生，真的很幸福又令人興奮。

每天都期待睜開眼睛展開一天的生活——我知道不是每個人都能擁有這種幸運。

要實現夢想，不是只有把它當作第一職業才能實現，即使我無法成為精通某個領域的頂尖專家，我依然持續在所有能夠帶來快樂的事情上努力。對於想要做的事情，我的「慾望」與「付出」是同等比重，也因此，我已經不是當初那隻茫然亂竄的無頭蒼蠅了，而是將生活過得篤定又滿足。

看起來只是平凡的上班族，

但我的夢想其實是網漫作家。

☑ 問問自己

與現實妥協，原已遺忘的夢想，在下班後再次找回來吧。

自我：
找到工作和生活的中間點

我的 24 小時也曾被交辦事項填滿

　　將人生的掌控權放在他人手上，被動過生活的人比我們想像的多。我小時候聽爸媽的話、聽老師的話，出社會後則是有很大部分變成聽上司的話過日子。過了三十歲，理論上必須靠自己做選擇的事情只會愈來愈多，但我常聽到朋友們說「真希望有誰能告訴我要做什麼」。被動生活太久了，輪到要自己做主並付諸行動就會顯得困難，甚至老早就遺忘自己做什麼事會快樂。

　　我在進行晚間計畫之前也是如此。我以前是很聽老師話的乖乖牌學生，不必想太多、只需要照別人交代的話去做，不但不覺得悶，反而會感覺安心。因為是照他人的指示去做，萬一出了意外、發生問題，也是下決定或給主意的人的錯，我只是跟著做，可以不用負責──

跟我一樣有這種慣性的人應該不少吧！長久以來，我們接受不鼓勵個人主義的傳統權威教育，只負責接收指令；進入職場之後，更需服膺組織文化，只要聽從上司指示辦事，畢竟如果沒有得到上司認可，就無法完成工作。

但是下班後的事情，絕對可以按自己的心意去做。就算是微不足道的小興趣，也需要自己決定，當我們主動去規畫時間，就能一步步找回生活的掌控權。特別是等到開始經營副業時，將會更實際體會到，如何靠自己計畫並且去實踐「想做的清單」。

不是別人叫你做什麼就做什麼，而是找出自己喜歡、想要一直做下去的事，這樣的經驗非常珍貴。最關鍵的是，沒有人規定你非得要獲得多大的成功不可，更沒有人強迫你要一路做到底，只要感覺不對、嘗試後發現自己不太喜歡，也能隨時對自己喊停。即使是反覆「試錯」的經驗，累積起來也是自己的珍貴資料庫，你能更清楚掌握自己能從哪些事情上得到快樂、得到好處。

不因別人的看法和評論而動搖，完成自己選擇並負責的事情時，我們才真正成為大人。

我才能決定自己的位子

世界上愛多管閒事的人真的不少。原本，我是那種

喜歡把自己的事對身邊的人開誠布公的人，但不知從何時開始，我漸漸不再講自己的事了。因為自己的事情講得愈多，就有愈多的人假借關心之名丟給我一堆建議。

我選擇一份能準時下班的工作，即使薪水少了點也無妨，因為我有好多事情想做。有時當我對別人說「我晚上會做這個那個，明年我想拍微電影」，有支持我的人，但也有很多抱持負面看法並開口就批評的人。我什麼話都聽過了，其中，令我印象最深刻的是「妳以後結婚的話，老公一定會抱怨的！」。

然而，我對自己的人生所負責的事情，比他人想像的多，也因此考慮得更透徹，他們提出來或好意或雞婆的建議難道我沒有想過嗎？我很清楚，說出這些疑慮、提出各式意見的人，他們對我的擔憂在講出來的那一刻就結束了，並不會負責我之後的人生。當別人說長道短，講出一些我已經思考過的問題時，我並不反駁，只是會笑著回答「哈哈，好的，我知道了」。說完之後不放在心上，繼續做我的事，因為我已經有充分的信心對自己的選擇負責。

當然也有很多時候因為不聽人勸、隨心所欲，一路走來跌跌撞撞而感到後悔懊惱，但這些對我來說更像是累積人生的履歷，更重要的是對自己的決定多承擔一份責任，也讓我更快摸索出我可以做什麼、不可以做什麼。抱怨都是別人害我不能做我想做的事，與按照心意去做

自己想做的事而後悔，兩者相比豈不是前者更糟糕！

　　有多想要，就多積極去做，我抱著這樣的態度對人生全力以赴。我想成為一個有些固執但絕不偏執的人，以自己優先，把「自我」穩定的放在工作和生活的中間點，並找到很好的平衡。

現在我按別人指示工作，

但下班之後，
就按我的計畫過日子。

☑ 問問自己

一天中做的事情，有多少是自己真正想做的？

⏱ 開源：
不知不覺，薪水翻漲

以副業找到第二、第三收入

　　我想多數人都是跟我一樣的——真的很愛錢！某一年的新年我去算命館算命，算命師說我的八字代表我是愛財的人，甚至建議我不要老是錢、錢、錢的見錢眼開過生活，還令我大吃一驚呢！但進一步思考，為什麼我這麼愛錢呢？我連想都不用想就可以告訴你答案：因為金錢可以買到時間。只要錢夠多，就能減少為了溫飽而工作的時間；只要錢夠多，無論我想做的事能不能賺錢，我都能自由去做。

　　一開始我不是為了賺錢而想要利用晚上時間，但後來發現，做的事情和收入能連上關係，以結果來說，我所有的副業或多或少都能為我賺進鈔票。也因此我不需要做一份為了領高薪，每天把自己忙到死的工

作，而是可以選擇即使薪水少了點、時間上自由度更高的工作。因為我很清楚，賺錢的目的是為了減少工作的時間和精力，因此能夠精確按著我想要的計畫過日子。

我有各式各樣能創造收入的副業。首先每個月會收到來自於 YouTube 頻道的 Google 廣告小筆利潤。想要透過 YouTube 賺取收入需要花很長的時間，我在經營 YouTube 半年之後收到第一筆結算收益，3 個月的收益大概 10 萬韓元（約 2,500 元台幣）左右。訂閱人數 1,000 名，一年裡頻道收看時數達 4,000 小時以上才可能創造收入，以我經營半年就獲得收益來說，已經算快的了。隨著 YouTube 頻道規模擴大、開始具有影響力，各種商品贊助機會也找上門。

經營 YouTube 頻道讓我擁有了「時間管理專家」的頭銜，我也針對時間管理設計並銷售功能性記事本，藉此獲得收入。有時我會參與舞台劇，或在獨立電影、廣告影片中演出賺取表演費。如果接到私人演講的邀請，也能領到講師費。此外，我也會為一些新創公司設計產品目錄，獲取稿酬。以上這些零碎的金額雖不是什麼了不起的大錢，但累積起來也是不可小覷的收入。

做喜歡的事，財源也跟著來

資本主義社會中的賺錢原則，簡單明瞭：對他人提供需要的服務，並獲得適當的報酬。

當一個人培養出愈多元化的能力，能協助的人、能做的工作種類會愈來愈多，其他人也會心甘情願付出更高的代價（只是一體兩面的是，當看重你能力和需要你提供幫助的人愈來愈多，勢必要花上你不少時間，關於這一點，我自己也還在一邊學習一邊成長）。

當年叫我不要見錢眼開的算命師，也許是想提醒我太貪心會吃不消吧，不過我發現，每當我按部就班、照計畫認真做好喜歡的事情時，錢財就會跟著我呢！這是幾年下來我所經營的副業帶給我的親身體驗，最重要的秘訣就是持續不懈的做下去。

透過副業致富並不容易，但若能像現在這樣逐步成長，我有信心幾年後會增加更多收入。因為以前我從沒想過的機會正不斷找上門，而我的內心有足夠的力量去抓緊機會。

有趣很好，有錢更好！收入是額外紅利

我的業外收入多過正職薪水，是在我開始晚間計畫

的 3 年之後。我能不間斷的從事副業，最關鍵的原因在於我對副業收入沒有感到什麼壓力。

無可避免的，即使是再喜歡的事，一旦變成以賺錢為目的，就會感覺像在交作業或因壓力上身而感到厭煩。倘若每天都在注意點閱率和分潤，難免會疲乏。所以我會提醒自己，我有正職工作，不用太執著於副業的收入多寡，從興趣到開源，初心不是為了賺大錢，而是出於喜歡，只是剛好也能賺點零用錢──以這種想法面對就能減輕壓力，並鼓舞自己持續下去。

初期一個月大約是 5 萬韓元（約 1,250 元台幣）到 10 萬韓元（約 2,500 元台幣）的進帳，我足足存了 3、4 個月，才好不容易買到一台攝影專用燈，即使如此我也好滿足。

藉由副業可以增加收入很棒，但能將下班後擁有的自由時光過得有意義，即使賺不了錢、沒有人知道，也足以視為非常有價值的時光。

下班後畫畫圖、打打毛線等有創意的活動也好，透過運動消除工作上的壓力也好，無論選擇什麼，培養成習慣，每天持續實踐是最重要的。不管從事興趣，還是為了健康而運動，或賺取小小進帳的兼職，想要打造自己專屬的嶄新一天，必須設定具體的目標並管理時間。

下一章就從設定「目標」開始練習吧！

一個禮拜拍一支小影片上傳吧！

有趣很好，有錢更好！

☑ 問問自己

薪水之外，如果能創造穩定財源豈不是很棒？

Tips

我還可以做什麼：
盤點適合自己的副業

　　下班後的時間可以做些什麼？運動、興趣、自我充實等都好，如果對正職以外的收入很有興趣，就勇敢去嘗試開創副業吧！斜槓也好、副業也罷，這些名詞聽起來好像需要大費周章做足準備，但並非如此，你和副業的距離沒有你想的那麼遙遠。從自己一直持續在做的事、有興趣的領域，想要和別人分享的專長著手即可，即使是很瑣碎的事也可以。把自己本來就在做的事情往前再推進一步，很快就能發展成為副業。想要知道自己適合什麼樣的副業，可以先從下面的分類中做選擇。

- ・擅長 Excel, Photoshop 等程式 → **A** 型
- ・喜歡用文字整理想法 → **B** 型
- ・擅長繪圖，喜歡可愛的事物 → **C** 型
- ・喜歡四處拍照 → **D** 型
- ・有鑽研某種領域的狂粉性格 → **E** 型

A 型：透過線上課程銷售專長

不用上實體補習班，透過線上課程來學習是近年來愈來愈夯的必然趨勢，無論是興趣導向還是工作相關的專業知識，多半都可以在琳琅滿目的線上課程中找到。你不一定要擁有巨量的知識，只要擅長使用 Excel 或 Photoshop 等工作上常用到的程式，就有機會藉由線上課程銷售專長。根據韓國教育資訊院註1 的統計，銷售才藝的網站使用人數已達到 45 萬人，市場規模不容小覷。

每家線上課程平台的方案會有些差異，但一般來說有30%～50%的利潤分配給講師，例如我就在「My Biskit」開了時間管理方法的線上課程。授課的事前準備和錄影雖然也要花不少心思，但與每上一次課就需要親自講授的實體課程不同，只要存好影片，收入便會源源不絕。以我來說，一個月有 100 萬韓元（約 25,000 元台幣）左右的被動收入，在平台上比我賺更多的人氣講師更是大有人在。

B 型：經營獲利型部落格

曾流行一時的部落格，是很多對業外收入感興趣的人最常利用的管道之一。透過部落格創造收入的方式有好幾種，最典型的是介紹產品所得到的廠商贊助費，以及靠網友點擊量獲得 CPC（Cost Per Click，每次點擊成本）廣告收益。

前者是幫廠商撰文介紹商品或服務，以獲得代言費，

例如一般人熟悉的「業配文」。而 CPC 廣告最知名的是 Google 的 AdSense 註2 和 NAVER 的 AdPost 註3。我們在瀏覽網路新聞或部落格文章時，應該經常會看到中間穿插的橫幅廣告。NAVER 部落格的廣告大多來自 AdPost，而 Google 或 Daum、Tistory 註4 的橫幅廣告，則有很高的比例是來自於 Google 的 AdSense。每當部落格的訪客點擊這些廣告時，部落客就會獲得利潤，只要持續上傳優質貼文，來訪人數自然會增加，而當瀏覽量提升，廣告收益也會增加。透過業配文或 CPC 廣告得到的收益一開始也許很少，但每年賺超過 1 億韓元（約 250 萬元台幣）的人，卻比我們想像的多！架構一個內容有趣的部落格或網站，持續經營，就能引導更多訪客來訪為你帶來被動收入。網路上很容易搜尋到開設獲利型部落格（或 YouTube 頻道）的教學文，不妨參考看看。

C 型：手繪圖文、表情符號的製作與銷售

「手帳風」重回流行風潮，也帶動相關貼紙或裝飾紙膠帶等文具的買氣。喜歡塗塗畫畫的人，不要小看自己的手寫字和個人繪圖，充滿你個人風格的小物，可以涵蓋許多周邊，除了文具類，還有像化妝包、手機保護殼、無線耳機收納盒等等都是相關領域的常見商品，可愛討喜的小物設計，商機潛力無限。而且不需要大量產製，你只需提供概念，能幫忙客製出產品的廠商也愈來愈多，每個人

都可以當創作者，都有潛力製作自己專屬風格的設計小物。

　　也許你會擔心生產商品會有庫存管理和送貨流程的種種麻煩，那麼可以先試試製作 Kakao Talk 註5 或 LINE 等通訊軟體的表情符號。這種舉國上下都在用的國民通訊軟體，創造出的收益是非常龐大的市場規模，不妨自己畫出充滿特色和俏皮文字的表情符號，挑戰你的「一桶金」吧！

D 型：販售圖庫照片

　　如果喜歡拍照，試著銷售自己拍下的照片如何？各種商品設計、雜誌或報導在編輯或製作時都需要大量的圖片，但不是所有照片媒體都有辦法自己拍攝，因此而衍生出的照片供應平台就是圖庫（stock）網站。透過這種圖庫網站，我們能夠把自己存放在硬碟的好照片銷售到世界各地，賣給需要的人。例如極具代表性的網站 Shutterstock，這是一家美國圖片庫，圖片素材、影片音樂和編輯工具供應商，人們在任何場景、任何活動中所拍攝的照片，可以上傳到這個平台，任何使用者都可以瀏覽圖庫，付費下載，平台會拆帳給拍攝者。

　　這是人人都有機會提供優質照片的年代，除了 DSLR（數位單眼相機）之外，智慧型手機的畫質也愈來愈上乘。不要小看自己每天順手拍下來的照片，瀏覽一下你硬碟裡儲存的上千張照片吧！把覺得不錯的照片上傳看看，說不定有人非常想要這樣的照片呢！雖然不太可能一下子從這裡獲得鉅額進帳，但能讓自己以更有愛的角度看待日常生

活的風景，也有動力讓「拍照」的興趣長久持續。

E 型：設定狂粉，開設 YouTube 頻道

　　如果你是某領域的「狂粉」，務必找到相同領域的其他狂粉，試試創造話題性的內容。與其嘗試不熟悉的事情，把自己本來就擅長並樂在其中的事情與他人分享，藉此獲得收入是更有效率的。因為你只需把已經做過的事加碼做成具話題性的內容，不但比較沒有壓力，也因為和別人共享，能夠形成一種彼此秒懂的狂粉圈，愈是樂在其中，就愈能持續。就像許多美食類的網紅，例如以研究炒年糕打響知名度的 YouTuber「年糕皇后」，和他們一樣，把自己的興趣拍下來上傳到 YouTube 試試吧！初期使用智慧型手機拍攝就綽綽有餘，網路也有一些簡易好操作的免費影像編輯程式，就算是新手，試幾次就能製作出有水準的影片。

註 1：韓國的政府機構，提供學術教育的各種資訊。
註 2：Google 的廣告聯播機制，有 Google 帳號即可免費申請，在內容平台（個人部落格、YouTube、網站等）提供廣告版面，透過流量以及網友點擊次數可賺取 Google 的分潤。
註 3：NAVER 是韓國市占率最高的入口網站，其母公司是韓國最大的網際網路服務公司，旗下事業體包括 LINE Corporation（與日本軟體銀行共同持股）。AdPost 是 NAVER 的業配廣告媒合平台，幫廣告主尋找適合的網紅執行業配文的贊助合作。
註 4：Daum 亦是韓國最知名的入口網站之一，Tistory 是韓國知名的社交部落格，整合私人或多人部落格，提供社交服務。在台灣常見的廣告聯播平台還有臉書的 Facebook Audience Network、PChome 廣告聯播網、Yahoo 廣告分潤計畫等等。
註 5：韓國使用率最高的即時通訊軟體，於 2010 年 3 月 18 日推出，類似台灣讀者慣用的 LINE，在韓國市占率大於 LINE。

LESSON

晚間計畫的起點：
人生可以不只一個目標！

用曼陀羅思考法，幫卡關人生找出口

任誰都有期盼實現的夢想，
有想堅持不懈完成的事，
但夢想和目標之間的距離總是那麼遠。
我們不是茫然遙望夢想，
而是逐步、逐步鋪上踏板，
在某個瞬間將夢想銜接到現實。
世界上沒有任何夢想一蹴可及。

不要等待，
時機永遠不會恰到好處。

＾

拿破崙‧希爾

🕐 毫無頭緒時，怎麼開始？

我的價值：對需要我的人和動物提供幫助

　　人為了什麼而活呢？在日常生活中，你會不會突然在某個時刻思考起這種大哉問：為什麼而存在、要活出什麼樣子？我在接受心理諮商時，曾經對老師說：「我最近在想自己為什麼活著，該怎麼過才算活得有意義，我還沒有答案，但考慮先當義工看看。」老師回答我：「其實，妳正在尋找意義啊！」從那時起，在做很多事情時，我會同時思考行為背後的意義，並把這種摸索內心的過程認定為「尋找意義」。

　　哲學大致分為存在論、認知論、價值論。存在論探討「什麼是實體？」，認知論追求「如何正確認知？」，價值論重視「什麼是有價值的事？」。我所提到的「尋找意義」最接近價值論，也就是找出有價值的事情，並

努力去執行。但什麼叫有價值？答案當然因而人異，有的人認為有價值的事是保持學習和成長，為人父母者也許認為孩子的幸福是人生最高的價值，而對我來說最有價值的事，就是幫助需要我的人和動物。

我找到自己的人生意義，那就是「對需要我的人和動物提供幫助」。

我經營 YouTube 的最大意義

為什麼突然探討起「意義」呢？是為了設定可長可久的目標。

事實上我的個性談不上有貫徹力，我很善變，也不會勉強自己做不喜歡的事。關於人生的意義，是哲學性的大哉問，但事實上，一個人的中心思想是很重要的驅動力──我現在想做什麼？我能不能清楚做這件事的意義是什麼？如果回答是肯定的，就能以此為中心開始行動。

唯有自己的本心獲得安頓，一旦走到要做選擇的岔路，自然得以做出更適合自己的決定，即使眼前的事讓你感覺厭煩或疲憊，也能衍生持續的動力。

我之所以能持續經營 YouTube 3 年多，維持每個星期固定上傳一支影片，光憑「樂趣」和「毅力」是不夠

的。事實上當一名 YouTuber、長期經營頻道沒有想像中那麼多采多姿,大多時候都很無趣,為了製作出 20 分鐘的影片,需要花上 3、4 小時。把旁白一一對上影像的秒數再打上字幕的過程,更是冗長到常讓我的靈魂都快出竅,這些過程是相當枯燥、機械化的動作。但我能夠克服這種枯燥的原因,就在於它對我的意義和價值。每當我對後製工作感到厭倦時,我會回頭觀看自己拍的影片,想著那些在網路上留言回應我,說自己因為看了影片,今天也和我一樣努力的人們,我就能重拾做這件事的價值。

目標可以量化,意義才是動能

　　人生在世,做很多事情的目標都可以被量化,一件事要執行到什麼時候、達成多少程度,往往會預設明確的期限和目標值。舉例來說,「年底前要減重 5 公斤」、「十月前寫出的文字要達到一本書的字數量」、「我要在一年內賺多少錢」等等就是目標值;而意義不同,它無法數值化,因此我們往往不會特別去思考它。但缺乏意義的目標,往往會浮現一個問題:如果大費周章達成一個目標,卻不了解這個目標對自己有何價值、有何意義,空虛感將伴隨而來。

有些人將賺大錢做為追求的標的，假設他們把賺到上億韓元（約 2,500 萬台幣）作為具體目標，汲汲營營、拚死拚活，在好不容易達標那一刻，勢必會志得意滿、快樂得不得了，但過了那個瞬間很容易再度陷入空虛，必須再找下一個目標來填補——不斷追求、不斷空虛，原因很可能就是他們只在意最淺層的「目標」，而沒有去思索並掌握設定目標背後的意義。

意義能賦予動力，有助於克服過程中遭遇的波瀾。作為一名獸醫，我在幫動物看診時，如果遇到「奧客主人」，也會感到不耐煩，但我有義務幫助動物不再受苦。在對我投以質疑眼光的動物主人面前、在催促我怎麼還不趕快處理的上司面前，能讓我不至於失去信心，能穩定持續工作下去的力量，就來自於這個念頭：「這個做法是否能為生病的動物帶來最大的幫助？」

每個人對於人生的看法勢必會隨著時間推移、年紀增長，以及價值觀改變而出現變化，但中心思想不會三天兩頭就大改特改，我找到了意義，可以幫助我抓住生命的重心，也可以說，讓我持之以恆執行晚間計畫，集合多重身分於一身的力量，並不是來自於一股毅力，而是根源於心中的想望。

那麼，當你已經開始思考我所說的意義，但更重要的是將之化為具體行動，為了利用奇蹟的晚間 4 小時翻轉人生，請先從設定目標和計畫開始吧！

（休假中）
這才是所謂的人生！

（上班前）
所謂的人生到底是什麼？

☑ 問問自己

想想人生的目標和意義，我的價值在哪裡？

⏱ 把期待變成現實，設定目標 4 步驟

不只是空想，如何把計畫細節化？

下班後要投入任何興趣或斜槓，無論是參加活動、運動、離職準備、證照補習、副業……什麼都好，只要下定決心要開始做，就必須設立有效果的目標和計畫。如果只單純想著「從現在開始，我每天晚上要做○○○」，這是無法長久持續下去的！因此我把計畫大致分成 4 個有順序性的項目，由大到小分別是：

1. 大目標。
2. 尋找意義。
3. 釐清方向。
4. 行動方案。

其中大目標和尋找意義屬於長期目標，方向和行動方案是短期計畫。

大目標，是指你這輩子（或至少這一兩年內）非常想要達成的理想。例如「成為國內教育界的頂尖推手」、「變成財富自由的富翁」等。

尋找意義，就是思索為什麼要達成這個目標、它對你的意義是什麼。前面提過，只要有了「意義」，就能賦予明確的動力。

釐清方向，是為了完成大目標而必須做的事情。舉例來說，我要「出版關於時間管理方法的書籍」。

行動方案，則是為了實現方向而必須立刻採取的小行動。因為長期目標在遙不可及的遠方，眼前必須怎麼做才能達到終點？一開始很難抓到具體感覺，因此必須有短期的行動方案。要提高目標達成率，需要同時立下長期目標和短期行動方案。

長期目標	大目標	非常想要達到的目標。 ＊例如：成為國內教育界的頂尖推手。
	尋找意義	「我為什麼而做、我為什麼而活？」，思考人生或理想的意義。 ＊例如：我想要為了那些需要我幫助的人或動物而努力。
短期目標	釐清方向	必須完成的事情或任務。 ＊例如：出版一本書。
	行動方案	為了實現方向而採取的小行動。 ＊例如：收集資料、寫初稿、閱讀參考書籍等。

世界級選手也在用的曼陀羅計畫表

很多人光是想到訂立目標就頭痛，訂得太遠，怕眼高手低；訂得太近又沒有挑戰性，有一個更有效的方法：多利用曼陀羅計畫表，有助於將模糊抽象的目標具體化，讓許多執行細節也能一覽無遺。

日本棒球巨星大谷翔平[註1]在高中時就以這個方法確立中長期目標，這也讓曼陀羅思考法更加聲名大噪。它的基本概念很單純，以「8個格子圍繞著大目標」的九宮格形式再去擴充，最中心點是核心目標（大目標），圍繞旁邊的是與大目標有關的8個領域（次目標），再根據次目標一一衍生相對應的行動步驟，如同下頁圖表，可以看到一共會有81個格子。

這8個次級目標要怎麼訂呢？可從涵蓋生理、心理、自我、他人等不同面向切入，大致分為專業／工作、健康、人際關係、宗教（或心理健康）等等。要填滿這張表並不困難，思考原則和小學上課時經常畫的心智圖很類似，由內向外，先從中間的大目標著手，再去寫出8個次目標、以及各自的行動方案即可。

曼陀羅思考法適合什麼時候使用呢？以我來說，如果一時半刻沒有非常高遠的人生目標也無妨，在訂立新年計畫時採用這個方法最為實用，中間寫下「2022年新年目標」之後，在旁邊記下這一年最在意的8大面向，

接著分別再填寫需要優先執行的行動計畫。

一周5次運動	早晨伸展運動	健康素食	傾聽	跟人打招呼	確實表達	一周3次鑽研主修	隨時提出問題	學習判讀電腦斷層攝影
一年5次心理諮商	健康	充分休息	找出對方優點	人際關係	感謝	手術的縫合練習	主業	每周一次病例報告
年度健檢	一天睡7小時	一天喝1.5L水	慈悲冥想	分析情節	戀愛	每月參加研討會	一個月兩次研讀專業	每月一次院內報告
一周一次上傳影片	研究最新潮流	學習設計	健康	人際關係	主業	寫下行動步驟	執行日常計畫時，遠離手機	上午使用計時器
每天寫企劃案	影像相關	每月一次直播	影像相關	更成長的一年	時間管理	每天寫功能性記事本	時間管理	不過度工作
訂閱者聚會計畫	提供計畫管理的服務	與訂閱者積極交流	自我充實	財務	藝術	充分休息時間	番茄鐘工作法	遵守規律睡眠時間
一年讀50本書	寫書評	唸人文學	學習行銷	閱讀財管書籍	參加理財社團	一周一次磨練演技	大量觀賞古典電影	不害怕提出質疑
冥想	自我充實	寫感謝日記	為所擁有的感恩	財務	必要時不吝付出	一年寫一篇劇本	藝術	多多旅行
發音·發聲持續練習	減少一次性用品	持續學習手語	寫收支簿	存下70%收入	研究稅制	研讀心理學	每年更新簡介	學習攝影

〈用於設定新年目標的曼陀羅思考法〉

就像這樣，我把「更成長的一年」（大目標）切成8個我想達成的面向：健康、人際關係、主業、影像相關、時間管理、自我充實、財務、藝術，為了達到這八個次目標，再各自去寫下8項小步驟。

這是用來釐清目標和規畫行動藍圖的好工具，但真的要說有點可惜之處，那就是無法同時建立時間軸計畫。舉例來說，我的曼陀羅計畫表中，健康類的小行動「一天睡7小時」不需要具體的行動計畫，但是在實現影像相關的「提供計畫管理的服務」這一項，需要更詳細的實踐事項和時間分配，而這部分可以由「行動方案」彌補，下一章節會提到方法。

註1：至 2021 年止，是日本職棒最高投球球速保持人，擁有多項輝煌紀錄。2018 年前進美國職棒大聯盟 MLB，本書出版時效力於洛杉磯天使隊，獲選進入明星賽，是少見的投打兼修型球員。

我的夢想是用我的音樂表演！

今年一定要寫出自創曲，
為了實現……

☑ 問問自己

能否體悟，再大的目標也是由實踐小計畫開始。

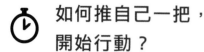

如何推自己一把，
開始行動？

達成目標的 7 個階段

　　人們總在新年以嶄新的心情立下年度目標，但在年末回顧時，才悵然發現一整年下來能實踐的可說少之又少。原因是什麼呢？只是因為懶惰嗎？真正的答案是，只訂下目標，沒有擬定行動計畫，缺乏計畫的目標就變成幻想了！

　　把小行動累積起來，就能獲得我們想要的成果。夢想離我們很遙遠，必須有條理的架設雲梯以便達成，因此訂下「行動方案」是必要的：應該做些什麼、怎麼執行，才能距離目標更近？

　　思索這些執行步驟的同時，也讓我們成為了行動計畫者。我的構想取自於布萊恩・崔西的著作《成功不難，習慣而已》（Million Dollar Habits）註2，書中將設定目

標的方法分成 7 個階段公式：

第一階段，設定目標。

第二階段，訂出期限。

第三階段，製作目標清單。

第四階段，擬定行動的步驟。

第五階段，去除障礙因素。

第六階段，立即實踐。

第七階段，持續前進。

第一、二階段「設定目標」、「訂出期限」是許多人在訂立目標時會思考的部分，但進行第三、四階段「製作目標清單」、「擬定行動方案」的人不多。將第三和第四階段以一目了然的方式寫成計畫格式，正是我目前所使用的方法，其實也就像我們在工作上常用的企劃案。

註 2：布萊恩·崔西（Brain Tracy），《成功不難，習慣而已》（Million Dollar Habits），2004。

Goal

經營閱讀咖啡廳

· By when?　2021 年 5 月

· How?

對於市場調查和行銷全力以赴！

優先順序	行動方案	開始日期	結束日期
1	● 上補習班進修，取得咖啡師證照		
2	● 開店地點（房屋仲介）		
3	● 實地探訪全國 20 家閱讀咖啡廳，市場調查		
4	● 研究設施和裝潢		
5	● 閱讀行銷書籍		
6	● 籌措資金		
7	● 簽訂店面租約		
8	● 創立線上行銷專用網路社群		
9	● 投資裝潢與設備		
10	● 營業登記和申請營業執照		

Goal achieved

如上一頁範例所示，非常簡單易懂，真正困難的唯有實踐而已。如果想到更多必須做的事，只要隨時寫上即可。**重要的是寫下方案之後，與其一直掛念著目標，不如多著眼於當下該做的事，也就是只要專注在執行層面的步驟就好。**

　　一直盯著目標，會感覺遙不可及，落差太大容易出現挫折感；如果只集中在眼前這項必須先落實的步驟，等到一步一步處理好，就像爬樓梯，自然而然就會發覺離目標愈來愈近。

　　許多人會提前擔憂未來的事情，但窮操心並不能改變任何事，我們沒有能力去左右還沒發生的事。為了達成未來的目標，即使一點點也好，任何可能性高的方法都要趁現在立刻去做。將眼前可實踐的事情縝密訂出計畫，就是有效的行動方案。

只有描繪夢想，
就永遠只能停滯在夢想！

Zzz...

不如這周就準備好需要物品！

請推薦我
適合初學者的
攝影設備！

☑ 問問自己

訂出截止期限，擬定可立即執行的計畫吧。

如果你還在猶豫、
停留在出發點……

是謹慎,還是逃避失敗?

　　所有的動物都害怕變化。因為沒有事先調查過,無法得知安全或危險,因此在嘗試新事物之前,出於本能會變得謹慎小心。但我們是人類,可以預測危險,風險過大,可能放棄,如果判斷利益大於風險,也可能付諸實踐。

　　為什麼人們會在行動之際猶豫呢?理由有幾種:第一,擔憂是延遲開始的好藉口,在擔心的心態下,拿謹慎當藉口,延遲起步;第二,對失敗的恐懼。每個人應該都有過失敗的經驗,也有無法堅持下去而中途放棄的時候。「萬一再做一次還是失敗的話怎麼辦?」這種負面思考的憂慮,就是阻礙行動的常客。與其嘗試之後受挫感到自責和失望,不如什麼都不做,就不會有自責和

失望了。

然而,「嘗試—成功」和「嘗試—失敗」是人生不斷反覆循環的過程,這是多麼自然而然的事情!試過之後成功,以及試過之後失敗,並不是什麼特別的事。

有些書籍會特別強調堅持實踐的方法,但我必須說,在開啟我們的晚間計畫時,必須拋開這種想法才行。一旦付諸實踐,成功和失敗的機率各為一半,但如果連開始都沒有,結果必然 100％ 失敗。我們有時會多此一舉將未來的問題拉到現在思考,其實這是把以後「才要挨打」的份提前在現在承受呢!**做得好還是做得差,是以後才要考慮的問題。**

煩惱短一點,行動快一點

想像一下,你和一群學生正在排隊照順序打預防針,那是一種非常痛的針,你排在最後一位,在前面的同學們打針時紛紛發出哀號,此時就快要輪到你了,你的恐懼感是不是愈來愈大?這時候的贏家,就是排第一順位的學生。**恐懼感會隨著時間壯大,但隨著行動而消除。**因此當自己感到憂慮不安時,趕快開始行動,可能是最有效的解套方法。

對於非做不可的事，糾結想著「怎麼辦、怎麼辦」，只會拉長煩惱的時間，導致緊張感益發強烈，而且更容易被害怕失敗的心態所束縛，於是遲遲不肯開始，隨著時間增長，成了綁手綁腳的束縛。趁煩惱的重量還沒那麼重時，快下賭注，也許是比較好的開始秘訣。

　　如果你始終在原地踏步，被茫然不安的情緒所困，或老覺得自己準備得不足而躊躇不前，不妨試試以下 3 個步驟。

　　第一，捫心自問：「如果我想做的事情失敗的話，是不是會害別人遭殃？」如果答案是「NO」，就開始行動。

　　如果還是擔心，第二，請告訴自己要訂出「煩惱的期限」，也就是給自己幾天的時間，期限訂在 3 天左右最理想。

　　第三，把煩惱的原因全部寫在紙上。人們腦中的煩惱大部分是非理性的，如果平常就是個容易怕東怕西的人，無論什麼事情都會習慣性的導向負面思考、悲觀結果，要防止這種情況，最好的辦法就是寫在紙上。停止非理性的胡亂想像，而是好好整理出思緒，因為當我們動筆寫出文字時，就能啟動理性機制。怎麼寫呢？不妨參考看看以下的方式（在此只是舉例，請不用拘泥於某種形式）。

目前的煩惱	· 要不要加入健身房？
煩惱的原因	· 如果去一天兩天之後就放棄，月費就泡湯了。 · 沒有適合的運動服。 · 我是健身菜鳥，害怕別人的眼光。
反駁	· 還沒試過，不一定會放棄。就算去一兩次之後決定放棄，頂多浪費 10 萬韓元（約 2,500 元台幣）左右的月費，雖然可惜，但還不到會破產的地步。 · 買一套運動服即可，或加入可以租借運動服的健身房。 · 還沒去過很難下定論，說不定人們根本不在意我。

　　像這樣寫下文字，就能釐清自己的思路，得知哪些煩惱不符事實，發現偏見和被害妄想是如何消耗掉你的理智。

　　在寫出「煩惱原因」的當下，你就會同步發現，許多的擔心其實都是莫名又不必要的，有些甚至無聊到連自己都覺得不好意思。用文字表達出來時，會明確知道，那些拖住自己的理由，不過是一些可愛的煩惱，有些甚至只是芝麻小事，但是盤踞腦海時，不安感卻像雪球一樣愈滾愈大。因此，每當陷入煩惱的泥淖時，與其自己嚇自己，不如什麼都不想，直接寫成文字吧！這個小方法不僅適用於為自己訂目標，在生活中只要碰到煩心事、感受到憂慮不安時，也一樣有效好用。

甚至當我不想上班時，也會做這種練習，我會自問：「為什麼不想上班？」，把當下想到的理由寫下來。當我回頭看自己寫的內容，就會發覺都是非常不理性的原因，同時也出現許多自我反駁的聲音，於是能夠說服自己。

　　「我為什麼討厭那個人？」、「為什麼電腦壞掉時我會生氣？」，把平時認為理所當然的事情文字化之後，也許會得到很有趣的結果，同時也能自我覺察，自己是以多麼相似的態度去面對各種問題，是否容易陷入相同的迴圈而不自知？像我這個人，每當要開始進行一件事情，很容易反覆陷入煩惱的循環，後來我意識到這一點，為自己打了預防針，多少就能減緩之後會出現的煩惱，因為心裡知道「啊，我又來了、又犯傻了」。

我想學瑜珈，
但聽說有人做到受傷……

仔細想想，我去年也是
這樣空想不是嗎？

☑ 問問自己

停止用腦子去煩惱，而是用雙手行動去解開煩惱。

Tips

訂目標是為自己，不是為了他人！

　　所謂目標，就只是目標，對於什麼是好的目標，什麼是壞的目標，沒有一定的標準。我想聊聊設定目標時人們經常犯的錯誤，以及為了達成目標，努力的過程中需注意什麼。

　　首先在制定目標之前，必須捫心自問是否真的是自己想做的事，還是只是為了找目標而做？如果一個人一直過著過度在意他人看法、配合別人標準的生活，很多時候並不清楚自己究竟想要什麼，甚至明明不想要的事，卻欺騙自己去做。那麼，該如何「只為了自己」去設定目標呢？

1. 我的計畫是否包含別人在內？

　　必須檢視自己的計畫是否包含別人在內。例如，如果我達成這個目標，媽媽可能會開心，或我做這件事是為了讓某人以我為傲等等，請先需要思考是否有這種情形。當然身邊的人快樂，也可能成為自己的快樂，但是別人就

是別人，不能成為主角。造成很多人遠離真正想做的事情，有一個很大的原因，就是過度在意周遭的看法。能夠同時滿足自己和他人的目標雖然可貴，但記得，設定目標時，永遠要把自己的快樂置於他人的快樂之前。

2. 目標是否變成報復式的目的？

有時候為了出一口氣，向看不起自己的人證明自己，因此把「我就是要你們好看、我就是要讓別人嚇一跳」訂為目標，但這種情況多半來自於深層潛意識，自己也不容易察覺出來。

3. 是不是年幼時的匱乏或心靈創傷，衍生出現在的慾望？

發現自己格外執著於某個目標時，需要檢視是否有可能是小時候的剝奪感或心靈創傷所造成的。最常見的例子就是過度減重、對金錢的盲目渴望、非得擁有名車等等。腦袋想著「只要用名牌填滿衣櫃，我就會快樂」，但也許心靈深處渴求的是別的東西。這種情況下所設定的目標，最大的問題是即使窮盡一生，以為已經努力實現它，也勢必無法獲得滿足，但當自己深感空虛和後悔的同時，難道不會對付出的努力和時間感到惋惜嗎？

一個人要徹底了解自己的心意，其實是很困難的。

我有一些訣竅能避免設定出「假目標」：

第一，**行動要快，但目標設定要慢**。雖然前面我們說過「快點行動」是避免無謂煩惱的方法，但設定目標時不要強迫自己非得馬上下決定，而是拉長時間慢慢考慮。

第二，**目標能夠隨時自由修正，盡可能保持可能性和開放的心態**。很多事情得先做了才會知道，所以設好目標、開始實行時，如果覺得心情不舒坦、不想繼續或做了不開心的話，可以放棄或改變目標。重要的是別光是腦袋想東想西，而是每天認真的盡全力去實踐。這樣一來，也會出現原本意想不到的好機會和新目標，屆時重新選擇即可。

第三，**問自己，必須達成目標才有意義嗎？**目標設得好，可成為帶領自己的力量，也會為自己指引方向。但是仍需要注意平衡，必須小心不要陷入盲目的目標主義導向。「如果不能達成就沒有意義」、「必得達成目標才能成為有價值的人」，這類想法是禁忌！

愈是過於執著目標，就愈可能中毒！原因如下：

1. 人生本就無法預測

我的意思並不是世事難料所以要你變得消極，而是想提醒你，請為自己敞開各種可能性，因為無論危機或轉機，都可能在意想不到的瞬間以意想不到的方式降臨，先

讓你的心情保持彈性，雖說在設定目標後要努力達成，但另一方面請不要將目標視作人生的全部。只看得見目標的人，就好像戴上遮罩的賽馬一樣，光顧著眼前埋頭往前衝，很容易錯過其他美好的景物。

2. 拚命三郎不一定能提高勝率

執著目標、全力以赴，是許多人根深蒂固認定的傳統美德，但其實你的拚命並不一定能提高實現目標的可能性。我們只要對今天、對當下能做好的事情，盡全力去做即可。

3. 不應該比較理想與現實

比達成目標更重要的，就是眼前得到快樂。如果每天光想著目標就會感到幸福的話，那麼時時刻刻去想也無妨，但如果因為不斷比較夢想中的「我」和現實的「我」而感到挫折的話，該怎麼辦？如果這樣，不如不要設定目標還好一點呢！目標的存在是為了幫助自己掌握每天的方向不被動搖，而不是對現在的「自己」妄自菲薄。

人生並不總是按照計畫而行，我喜歡各種意外時刻。意想不到的變數雖然可能帶來危機，但有許多超過我們原本預期的超級好機會，正是來自於那些從沒想到過的瞬間，就像上天的禮物，唯有準備就緒才能抓得住它。

我們不能揮動魔法使天空下雨，但備妥大碗的人，就能夠盛裝更多的雨水，不妨把現在的努力想成製作大碗的過程，一點一滴的過程都值得期待，而不過度糾結沉溺於結果。

LESSON

4

建立高效的晚間計畫（上）：
創造時間自由

讓 24 小時延長的時間倍增管理法

小時候覺得按表操課很令人鬱悶，
有時甚至感覺像上了腳鐐一樣。
但是現在我照自己的喜好安排行程，
不再浪費時間煩惱要做什麼，
按照計畫，聰明而恰當的去填滿時間。
這是我每天隨心所欲的日常。
如今不但不會覺得被綁死，反而樂在其中。
我的 24 小時無形中倍增了，
生命也變得富足充實。

人類最困難的事，
就是了解自己並改變自己。

∧
阿德勒
Alfred Adler

被塞滿的硬碟——
時間不是不夠，是欠整理！

尋找散落的時間碎片

我是那種不擅長使用電腦等電子產品的人，之前跟著導演學習編輯影片，雖然對整理資料夾的重要性已經聽到耳朵長繭的地步，但歸納檔案還是無法駕輕就熟，亟需清理刪除的檔案老是放置不管，還嫌要存檔在外接硬碟的步驟很麻煩，總是草草處理，常等到內建硬碟跳出容量不足的警示，被逼急了才大工程的開始整理，此時才後知後覺，原來已經塞滿了很多不必要的檔案。當我費了一番工夫、有條不紊好好整理到一個段落，因為騰出了許多容量空間，就能加快電腦的處理速度。

我們經常說自己又忙又沒時間，一天只有 24 小時的「容量」，其中 7～8 小時固定用來睡覺，其他 8～10 小時固定用來上班。如果比喻成電腦，就像出廠時已

經被強制設定好基本容量了,電腦只要花錢就能升級硬碟容量,但時間不行。不管是富翁還是魯蛇,每一天都是 24 小時,就有如不能升級的硬碟。有的人為了「搶時間」,可能乾脆晚睡一點或刻意早起,但我並不建議縮短睡眠時間去增加你可使用的「時間容量」。因為犧牲睡眠只是一種自我消耗,不是長久之計。

仔細觀察那些老把「我好忙好忙」掛在嘴巴上的人,會發現他們的日常生活中有很多時間都被浪費在無關緊要的事情上。整頓自己的日常、重新思考使用時間的方式,就像整理電腦檔案,如果沒有養成習慣當然很不容易。我也是一個缺乏整理天分的人,別說是電腦資料夾了,以前我在收納日常物品、時程安排等方面我都很遜,直到學會使用功能性記事本來管理時間,如今已得心應手,也累積不少訣竅可以和大家分享。

我們為何總是喊沒時間?

我開始學習時間整理技巧的契機相當單純,因為想做的事很多,既不想放棄工作,也希望把自己想做的事情做好,但跟所有人一樣——苦於時間不夠用。因此我需要分配體力和時間。一開始,我先專注並快速的處理眼前必須完成的正職工作,接著安排其餘時間和下班行

程，漸漸的，愈來愈能掌握管理時程表的秘訣。當我可以隨心所欲去支配時間，無論做什麼事，只要想做我都能自由去做，不必擔心時間多寡，這一點讓我最開心，換句話說，我得到了時間自由！

為什麼一般人老是覺得時間不夠用？**第一，因為無意識的放任時間流逝。**由於時間不具物理形態，摸不到抓不到，但是依然有「緊緊把握」時間的方法。

首先須了解時間的特性。如果意識時間的存在，緊盯著時間，時間就會過得緩慢；如果遺忘時間的存在，就會稍縱即逝。**世界上有 3 種情況是人們覺得時間過得最緩慢的時候，等待泡麵泡好時、做平板式支撐時、等待退伍時。**為什麼呢？如同前述，因為你每一分每一秒都持續在「注視著」時間。同理，如果遺忘時間的存在，它就會過得很快。你很難在百貨公司或購物中心裡看到大時鐘，為什麼？就是為了讓顧客們遺忘時間，不知不覺中停留得更久。

我們是不是常覺得下班回到家，只不過洗個澡、吃個飯而已，時間卻轉眼間就不見了？就是因為這時候通常沒有意識時間的存在，任由它流逝了。意識時間後再去使用時間，你就會突然發覺下班後的時間其實很長。如果養成習慣，持續用這種方式意識一天 24 小時的存在，就能夠比別人多出一倍的時間。

覺得時間不夠用的第二個原因是：生活中各種無

關緊要的事情讓你的時間流入黑洞。一天當中必須做、或真正想做的事，其實沒有你想像中的占時間。和朋友們互傳訊息瞎聊的時間，點擊熱門關鍵字瀏覽新聞的時間，習慣性滑滑網路社群，這些加總起來花費的時間絕對比想像的多。

　　要克服莫名其妙就浪費時間的問題，**最簡單的原則就是每隔 30 分鐘或 1 小時就檢視自己做了什麼，以回顧的方式較能明確掌握自己如何使用時間**。以下會再詳細述說。

意識時間，不是一直盯著時鐘

　　有的人到了下班時間工作還做不完，必須把工作帶回家，也有的人在上班時間內就有效率的完成工作，回到家只享受悠閒時光，兩者的差異是什麼？如果單純來看，可能認為是專注力的差別，但就像前面提到，「是否意識」時間也是重要的一環。但意思並不是要你一整天一直盯著時鐘看，而是你必須在腦中有張虛擬時刻表：現在是幾點？開始做這件事已經過了幾小時？現在自己手頭上正在做什麼事情？這些都應該要知道。很簡單，因為**發呆的瞬間，時間會過得特別快**，因此必須時時回頭去意識時間「怎麼過」。

其實我們仔細想想，把到公司之後開始工作的──不，是「以為在工作」的 8 小時拆成碎片仔細分析，應該會發現「真正投入正事」的時間，和你發呆空想、上網或無意識做其他事的時間是混雜一起的。而再細看，即使是在真正投入工作的幾個小時當中，其實有部分時間你也只放了一半精神在正事。這是人之常情，因此你必須跳脫出來，以旁觀者的立場，確認「我現在正在做什麼，完成這項工作所預定的時間還剩多少」，重要的是養成反覆確認的習慣。這樣一來，當時間花在別的事情而忽略重要的工作時，自己很快就能警覺到。

日常生活也是一樣，每個人被賦予的時間同樣是 24 小時，有的人明明沒做什麼特別的事，嘴上老是說我好忙，有的人手上已經有好多事情在進行，仍不願錯過任何新的機會──這同樣是有沒有意識時間的差別。

不去意識時間、只任憑它流逝的人，就好像把時間丟入無底洞。想要知道到底時間從哪裡溜走了，必須利用功能性記事本（或時間軸計畫表），幫助自己找出時間溜走的空隙，修補破洞，這也是我一直鼓勵大家養成的關鍵習慣。

現在我們要開始學習意識時間並監控時間的方法，一旦確實掌握到自己使用時間的模式，需要修正的部分也會跟著一一浮現。

☑ 問問自己

是否集中注意力在時間本身？如此時間就會變得更長。

今天一天你做了什麼？
每日回饋

每小時回顧，找出高專注區段

「以後我一定要做好時間管理！」會這樣說的人，通常給他再多時間也不夠用，他們需要的是先從寫計畫表開始。但我們常見的計畫表，多是事先寫下必須做的待辦事項或行事曆，要學習時間整理術，做法不太一樣，與事前計畫相比，學會事後記錄更重要！事實上，讓我脫胎換骨的，不是事前清單，而是事後記錄，甚至在我執行力最高的時候，就是專注在做事後記錄的那段時間。

每完成一件事，或每隔一小時，就記錄下剛剛做的事情。可別小看這個簡單動作，很多人會問，把已經開始執行的事情記錄下來，有什麼意義嗎？

首先，能夠檢視自己每一小時內做了什麼事，持續

記錄下來，就能發現自己對於時間的運用慣性，多寫幾次，可以找出你的「高專注區段」和「低效率區段」，什麼時間內做什麼事最能專心，以及何時何地做哪類事情最缺乏效率？人們多半會有重複的行為模式，透過記錄可及時察覺反省，也能在一天結束時，想想自己如何利用一天的時間，這就是回饋。

用小單位來一一檢視每段時間如何流逝，有利於接下來重整並挪出時間去做新的事情。我採用的事後記錄方式是以**每小時為單位**，寫下最近這小時內做了什麼事，藉以檢視並擬訂計畫表。聽起來雖然簡單，但直到養成自發性的習慣之前，實踐起來有一定難度。

在每個整點進行記錄，光是這個步驟就會讓我感覺時程很緊湊，因為我們在白天時仍然仰賴慣性去做各種事情，養成新習慣需要適應。

不過現實上要隨身攜帶記事本，還要每個小時掏出來記錄，不少人會覺得好麻煩吧！因此不妨善用手機——例如有什麼想法時，可使用即時通訊軟體的「與自己聊天」功能（例如 LINE 的「Keep 記事」），先把想法化為文字訊息，簡單記錄，事後再整理下來。

當手上事情做到一半要改做其他的事時、有什麼靈感需要趕緊留下來……以上最快速的方法就是用手機傳訊息給自己，等到在書桌前坐下來，或是晚上睡前，再把訊息內容挑重點寫在記事本上。除此之外，利用像

「Toggl」等 app 能夠簡單記錄什麼時間內做了什麼事，也是不錯的方法，本章會在最後介紹幾個有助於管理時間的軟體。

事後記錄型記事本的使用方法

　　我認為事後記錄是管理時間的基本，但我們在記事本上並不是只要寫回顧事項，而是從待辦清單到事後回顧都需記在時間軸計畫表上，內容大致分為：

- 今日目標
- 「To-Do List」（重要的待辦事項）
- 「Timeline」（時間軸，包括左側的事前計畫和右側的實際行為）
- 次重要的欄位（其他生活重要事項，如用餐內容或運動量）

1. 寫下待辦的重點事項

　　第一步就是在前一晚寫下隔天要做的重點事項（To-Do List）。不是想到什麼就寫什麼，而是挑最關鍵的事情開始，按照優先順序從第一寫到第六。標註 0 的部分，就是無關重要與否、屬於當天之內必須處理的雜事，例如像「路上經過文具店要買自動鉛筆筆芯」之

類的小事。

　　這些待辦事項雖然也可以在當日早上寫，但建議在前一天晚上寫更好。有研究結果顯示，在晚上預先寫好的人，比不寫的人平均提早 9 分鐘入睡，這是因為先記錄在紙上，能讓大腦有比較放鬆的安心感，就不需要一再刻意的自我提醒而導致神經緊繃註1。另外還有一個好處，等到早上一起床，會縮短開始行動前的暖身時間，心情可立刻切換成目標導向。

2. 以時間軸為中線，前後都要記錄

　　請以時間點為準，左邊寫的是預計行程或當天的約會等「事前計畫」，右邊寫實際上做了哪些事等「事後記錄」。如此一對照時間點的左右兩欄，馬上就能比較出計畫的執行度與實際上的落差，也可以得知哪些事情花的時間比預定的更長或更短等變數。

　　然而須謹記的是，事後記錄是這份記事本的核心，絕對不要等到一天的時間都過去、到了晚上才苦苦回溯記憶，人們對於今天一整天做過的事情，無法根據時間記得所有細節。**依賴記憶寫下的內容等於沒寫，必須每一小段時間就利用手機或記事本記下來**，目的是精準掌握意想不到的瞬間、察覺無意識浪費的時間，並減少這種情況。

　　記下今天所做的事情之後，建議可以分成 5 種或 6 種類別，用不同顏色的筆標示出來。例如讀書或專業用

DAILY PLANNER（範例）

Date： 2021 年 1 月 5 日

Today's goal

親切對待所有遇到的人

Timeline

起床	06:00	
運動	07:00	運動
	08:00	移動
	09:00	上班，確認郵件
	10:00	上午開會
	11:00	處理工作
	12:00	午餐
	13:00	處理工作
	14:00	浪費時間（逛網站）
	15:00	寫報告
	16:00	準備發表
	17:00	工作收尾，下班
和小蕙約見面	18:00	吃晚餐，喝咖啡
	19:00	咖啡
研讀專業	20:00	研讀專業
	21:00	研讀專業
讀書，冥想	22:00	讀書，冥想
	23:00	休息
	24:00	

事後記錄

To-Do List

1 完成報告	☐
2 研讀專業	☐
3 閱讀《原子時間》	☐
4	☐
5	☐
6	☐
0	☐
0 買自動鉛筆筆芯	☐
0 預約安裝網路	☐

Water

● ● ● ○ ○ ○ ○ ○

Meal

也可改成運動記錄

B.	貝果
L.	拌麵
D.	韓定食
S.	兩片餅乾

黃色、具創造性的額外工作用粉紅色、處理公司工作用紅色、自我充實用藍色、休息用綠色、浪費時間用灰色等予以分門別類。塗上顏色可以跳出不同重點，你對今天在哪一類事情上花了多少時間即可一目了然。最後在晚上回顧時，再用螢光筆畫上重點標記，以再次檢視自己如何度過一天的時光。

要注意的是，**盡量不要把待在公司的所有時間籠統寫成「工作」，也不要把坐在書桌前的所有時間統統寫成「進修」**。屬於工作範疇的事項，盡可能詳細寫下處理什麼業務內容，如果中途跑去逛網站或和同事們閒聊等雜事，也要全部誠實記錄。同理，屬於做功課或閱讀的時間，就把具體科目或書籍記錄下來，這對於找出中途浪費的時間有很大的幫助。

3. 別忘了記錄次要欄位

這個欄位可以每天記錄除了工作或任務之外的重要事情。對我來說飲水和吃飯很重要，因此我每天都會記錄。有運動習慣的人，就可以在這一欄記下運動量。

寫一個月記事本，你會看到巨大的改變

一開始寫記事本時，你一定會對於「浪費的時間

多、充實緊湊的時間少」感到非常驚訝。如果沒有以客觀角度記錄每個小單位時間，我們的腦子會把一天的時間籠統記憶起來，得到「今天是忙碌的一天」、「坐在書桌前好久，怎麼只做了這一點點事情？」的模糊印象。先好好釐清問題，才能夠對症下藥，就算不特別費心思去一一糾正，當你每天晚上都會統整記事本、面臨「真相的衝擊」，就能有意識的調整自己。不是因為別人的要求而強制改變，而是體認到重要性，有自覺想調整，就能真正成為自己的習慣。

與其閱讀數百次時間管理的書籍，不如自己直接動手寫一個月的功能性記事本，對於搶救你的時間觀念幫助更大。

寫功能性記事本是很不容易的事，畢竟每小時要提醒自己不忘記錄，一開始執行一定會漏東漏西或忘了寫，切記這些都是必然的過程，毋須介意，事後記錄寫得不完美也不要放棄，關鍵是持續下去，慢慢的就會像呼吸一樣自然。到了那天，你一定會非常感謝那個當初決心寫下記錄並且成功實踐的自己。

註 1：克勞蒂亞・哈蒙德（Claudia Hammond），《休息的藝術》（The Art of Rest: How to Find Respite in the Modern Age），2020。

原來我今天是這樣利用時間啊。

因為記錄了時間，
我才真正擁有了一天。

☑ 問問自己

光是開始記錄時間，就能擁有時間的掌控權。

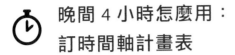

晚間 4 小時怎麼用：
訂時間軸計畫表

什麼時間做什麼事最有效率？

　　前文探討了詳盡記錄時間的方法，現在讓我們來靈活運用吧。下班或放學後到睡前的晚上時間，對多數人而言是一天當中最能騰出空閒，但也是最容易稍縱即逝的時光，想要聰明有效的利用，最好的方法是在固定時間內做固定的事。

　　我們要找出在什麼時間區段內做哪些事情最有效率，因此在寫記事本的同時，別忘了也要標注當時的專注力程度。我觀察我的記事本之後得到的結論是，上午時間是我體力的高峰，用來做勞力的事情效果很好，晚上的時候做創造力的事情最順利。所以我早上（上班前）用來運動，而剪輯影片和寫作則安排在晚上。就像這樣，找出適合自己的節奏，有計畫性的設定各時間區段的目

標，最後養成習慣。

STEP 1：盤點你的空白時間

先把一天中自己能運用的空閒時間全部記錄下來，你必須清點「真正」擁有的空白片段有哪些。例如我的上班時間是 10 點，比別人晚一些，因此可以利用的時間是早晨 2 小時左右，和下班後 3～4 小時。不少人的上班時間是 9 點，但公司遠近不同，空閒時間也會不同，如果通勤時間長，那就放掉早上，只利用晚上時間也綽綽有餘。

有一個關鍵點要注意：必須固定抽出的時間也要全部記下來，再從空閒時間中扣除。例如，下班後吃晚餐的時間、帶寵物散步的時間等例行公事，扣掉固定行程之後，剩下來的才算是單純的自由時間。要特別列出這些例行公事，是為了在全力以赴做想做的事時，不至於錯過生活中最根本最重要的事情，因為這些時間是不能省略的——陪狗狗散步、跟家人說話、做簡單家事等等，這些日常之事對人生而言亦是「重要的小事」。無論是發展第二專長或開啟其他副業，許多人忙東忙西拚命向前衝，卻忽略了那些真正重要的事和重要的人們，

這些才是生活的基石。這也是我的切身之痛，是我從自己的生命經驗體悟出的關鍵。

STEP 2：了解時間成本和必須投入的專注度

在擬定事前計畫時，不免要設想做一件事情的時間成本，此時必須評估兩點：具體要花多少時間，以及投入多高的專注力程度。

特別是計畫中如果有某項事情必須持續數天，或是每周必須做兩三次以上，就更要訂出每天要預留多少小時給這件事。只在腦子裡預想花費的時間，和實際結果會有很大的差異。我們常心想「這點小事只要一小時就夠了吧？」但真正做起來沒那麼容易，總會有各種原因耽擱了過程，往往得花上兩倍以上的時間才做完！所以才需要填寫事後記錄表單，因為按照時間區段記下所有做過的事情，時間節點和過程被文字化、視覺化了，就有助於精算做每一件事的時間成本。

如果是初次嘗試的事，建議先比預估多排 1.5 倍的時間。預定的時間可以有彈性，在執行的過程中一邊修正即可。

STEP 3：製作晚間時間表

再來就是要製作適合自己的晚間計畫時間表了。如同大學生的課堂時間表，只要以格狀方式排列，把想做、要做的事項填上就可以了。

同樣的，真正執行起來，一定會發現和預估有很大的出入，可能是某件事情比你想像的更麻煩、要花更久的時間，也可能是某件事情根本不適合安排在晚間進行，做起來反而更累人……因此執行時可以根據需要，適當修正時間表。

很多人問我，一直修正時間表，是不是代表一開始訂的計畫很失敗？但絕非如此。把修改時間表想成策略性修正吧！就像打草稿一樣，大略抓個方向輪廓，在執行的同時保持滾動式調整，直到找到最能滿足你的生活節奏。

時間表不是用來囚禁自己

對有些人來說，訂時間表、照表操課，感覺好像戴腳鐐一樣，簡直有如把自己的生活給綁死。當然，排定時間表之後，必須認認真真以時間區段為單位按表做事，的確有可能帶來壓迫感。例如你預定晚上 10 點開始讀英文，如果延遲就會產生壓力，很多時候甚至會把延

遲當作放棄的藉口，「反正已經超過好幾分鐘，就算了吧！」這種情況不勝枚舉。但訂立計畫，排定時間區段的目標不是為了硬逼自己、囚禁自己，而是為了方便執行，這一點必須銘記在心！我們想要的是「找出可以運用的自由時間」，避免不知道當下該做些什麼事而虛度。

尤其我是那種生性散漫，手上又常常同時進行很多事情的人，如果不訂時間表會手忙腳亂，所以我純粹是為了把該做的事情整理好，才決定製作時間表並按表操課。這就像為了從一本厚重的教科書中快速找到重點，而設計出目錄的概念。

小時候覺得學校排定的課表就好像腳鐐，因為硬性規定所以令人覺得很悶，但是現在必須做、想做的事情變多了，有具體排定好的行程反而讓我覺得鬆了一口氣。畢竟時時刻刻光忙著煩惱「接下來呢？然後該做什麼事？」這種雜亂無章的日常生活也會是另一種很大的壓力來源。相較之下，好好計畫每個時間區段，有大中小目標，按照計畫執行的生活，反而變得單純美好。萬一發生緊急的突發狀況，或臨時出現更想完成的事，我也不會對無法按計畫執行感到壓力，而是根據當天的情況彈性做出調整。

計畫是為了幫助我們而存在，並不是為了監視和囚禁自己而制定的，這一點請務必謹記。

EVENING PLANNER

Time table

	MON	TUE	WED	THU	FRI
17:00	工作時間				
18:00	下班途中聽 Podcast				
19:00	吃晚餐和做家事				
20:00	瀏覽工作相關論壇		規畫和剪輯影片		
21:00	唸英文				
22:00	做完瑜珈後洗澡				
23:00	邊聽古典樂，邊讀書				
24:00	寫工作表單／冥想後就寢				

做得下去的計畫，才有效！

有些人會有「人來瘋」的特質，是屬於感覺對了就會瘋狂投入的類型，又或許是一旦開始就迫切想看到成果，野心勃勃的想得到理想成績。但在初期就瘋狂燃燒熱情是很危險的，因為能量耗得太快，消失得也快，可能做到一半就感到厭倦而放棄。因此我們也要提醒自己，再有趣再渴望的事，都要保持穩定的步調，持續慢慢前進。

維持中庸之道並不容易，所以需要在做計畫的階段就適當分配好目標，預定的時間結束了，即使想再多做一點，都必須喊停轉換下一個階段或休息。重要的是當完成計畫好的工作量時，就改做其他的事。

無論是自我充實還是經營副業，我覺得最重要的是「可持續性」，有些人會因為剛開始進行某件事時，看不到明顯成果而感到焦慮，這是很正常的。「一天只唸30分鐘的書會有效果嗎？」像這樣產生疑慮是再正常不過了。但日復一日的進行，當你覺得30分鐘也綽綽有餘時，就離充滿價值的感覺不遠了。

洗完澡，讀完書，拉完筋，
今天的例行計畫就完成了！

因為已訂好要做的事，
時間一點都不浪費。

☑ 問問自己

是不是一直煩惱該做什麼事？

其實時間就這樣在煩惱中白白流逝了。

⏱ 該做就做，該玩就玩！
番茄鐘工作法

在坡道上滾動的柳丁

　　要做的事情很多，時間總是不夠。我們經常過著很緊湊的生活，就好像提著超級大的紙袋，裡面裝滿柳丁，戰戰兢兢走在下坡路上，結果紙袋爆開，手忙腳亂的撿起滾落的柳丁放回袋中，但偏偏柳丁一直從裂口掉出來，撿起一顆放進去，又掉兩顆出來，再急急忙忙追著滾落的柳丁……我們常這樣忙茫盲的度過一天，費神費力累得半死，卻無法俐落的去解決什麼事，一天就這樣結束了。

　　每天持續去做某件事對我來說不難，但每次進行時，我的專注力持續時間非常短暫。所以我之前常常把A做到一半，突然腦袋閃過B的時候，就會停下手中的事跑去做B。等到我重新回到原本的事，卻要花更多的

時間才能再次集中精神。對我來說，最困難的是長久全神貫注在一件事情上。起初我很單純想著，如果不知不覺間專注力降低了，乾脆先去做別的事好了，但等我重新回到原本的事情，仍然很快又分心，要再次拉回注意力又要花一番工夫，這種過程一直反覆出現。顯然這是一種非常沒效率的方法，用這種方式做事，事倍功半，獲得的成果根本少得可憐，不論體力上還是精神上都很吃力，直到後來我採用了番茄鐘工作法，我發現把自己綁定在眼前的事情上，才能避免被一堆事情纏身而手足無措。

我的番茄鐘循環：專注 45 分鐘 – 休息 15 分鐘

因為我做事容易分心，即使身體坐在書桌前，但腦袋會一直轉到昨天做過的事，或明天即將要做的事，因此專注力下降，無法全神貫注。於是我開始練習綁定自己——當然不是真的把自己五花大綁在椅子上，而是把經常心神渙散的思緒釘住不動。

在這種分心時代，專注力低落幾乎是大眾共同的問題，網路上可以看到許多提高專注力的方法，而我認為其中效果最好的就是番茄鐘工作法，它可以把每一小時的處理效率提升到極致。

「番茄鐘」最早是指番茄造型的廚房計時器註2。這個工作法的邏輯很簡單：將專注時間和休息時間切成塊狀，例如 30 分鐘為一個單位，其中包括工作時間 25 分鐘和休息時間 5 分鐘。設定好計時器再開始工作，直到鈴聲響起，就轉換進入休息階段。在規定需要專注的這段時間中，除了這件事絕不做其他的事。

我自己的設定是「專注 45 分鐘，休息 15 分鐘」，這種循環模式對我非常有效，因為有很多事要做。若心情急躁，你可能覺得休息時間未免太長了，但真的只要夠專心，45 分鐘絕對夠用。當然每個人的專注力不同，只要按照最適合自己的方式去增減時間就可以了。**像這樣專注一回＋休息一回，就視為「番茄鐘循環 1」。**

你當然不用刻意去找一個廚房計時器放在桌上，也可以利用普通的碼表或鬧鐘，更可以善用各種智慧型手機的 app 或 Google 的 Time Timer。在 app 商店輸入「番茄鐘工作法」就會跳出很多免費軟體，可以選出自己喜歡的下載使用。

重點是專注時間內絕對不做其他事，到了休息時段也一定要切換為休息模式，同一個循環就做一件事情，不要任意轉換事情的種類。舉例來說，蒐集資料到一半時就算想到必須寄出一份電子郵件，也絕對不能轉頭去寫信。如果真的有突然想起的重要事項，可以先寫個便條，等到一個循環結束時再做。這時候請記得要把手機

放得離自己遠一點，至少不是垂手可得的地方，以免自己忍不住一直滑手機看訊息。

此外，要有效進行，不是只有忙著計時而已，而是**要注意每完成第三次或第四次的循環之後，就必須休息至少 30 分鐘**。番茄鐘工作法的精神在於：休息時間和工作時間同等重要！要知道這種方式比平常的工作模式更費精神，因此能量消耗得更快，精神耗損也比較大。不妨想像成「壓榨自己 45 分鐘，再鬆弛 15 分鐘」。只要習慣去堅持 45 分鐘（或任何適合你的時間），專注力就會逐漸改善。這個方法太好用，一定要推薦給像我一樣個性散漫、思考雜亂的人。

註 2：由義大利人 Francesco Cirillo 所研發的工作時間管理方法，最普遍的原始做法是每 30 分鐘為一個塊狀單位，包括工作 25 分＋休息 5 分鐘，執行每四次為一個大循環。

對了，明天晚上吃什麼？

那就 45 分鐘之後來找美食店家吧。

☑ 問問自己

是否做得到把自己綁定在眼前的事情上？

⏱ 減少無謂煩惱的
極簡主義

斷捨離，讓我「撿回」時間

　　因為時間受限的緣故，上班族的日常真的無法把想做的事情「全部」做完，因此決定優先順序很重要。懂得放棄重要性低的事情，也是一種策略。什麼是懂得放棄呢？那就是把人生中不重要的事毫不留情的刪除，就像刪除不再使用到的檔案一樣。這樣一來，日常生活就會變得簡潔俐落。

　　極簡生活不只可以減少浪費時間，更能降低浪費金錢的機會。例如，我每天早上都喝豆乳拿鐵配藍莓貝果當早餐；會依照季節買幾件喜歡的衣服輪流穿，後來甚至嫌麻煩，乾脆準備了春天和秋天可以每天穿去上班的工作用服裝，就像校服一樣。化妝品用完時，我不一定會看新產品，而是再次訂購相同的產品。雖然各色商品

的行銷資訊無時無刻不入侵我們的生活，你動不動就會看到諸如「最近某牌化妝品能讓肌膚變得透亮，聽說它的眼影很顯色、CP 值很高……」等無孔不入的廣告，但是我認為應該減少煩惱這些事情，或至少減少不斷上網搜尋的時間。

作為 YouTuber，很多人都以為攝影機等硬體設備應該很重要吧，其實我經營 YouTube 頻道滿 3 年時，仍使用同一台相機。像這樣，生活中保留最低限度的選項，絕對能省下許多做選擇的時間和精力——我省下買新相機還要煩惱選哪一款的時間，也節省了研究新相機機種功能的時間。手機和相機除非故障了，不然我不會考慮換一台。

買太多衣服導致早上有選擇障礙、一直滑手機找最近新推出哪些化妝品、想著要吃什麼……煩惱這些事要花上不少的時間和精力，對我而言這些時間可以用來做更重要或更有趣的事。當然了，重點是以上這些事情在我人生中都是無關緊要、排序很後面的。也許有人會覺得我何必做到這種地步，連多花個幾分鐘都捨不得，但別小看這些瑣碎時間，片斷的時間加總起來，就成為很可觀的時間能量。

更何況，煩惱「要選哪一種」所花費的不只是時間，其實還有隱性的大量精力被耗盡了，何不花力氣在對你而言更有價值的事情上？

每個人都有自己的人生重要事項排序，你的價值觀不一定要和我一樣。但我想提醒的是，假如你感到「想做的事很多，卻老是沒有時間」，就是時候該好好思考，是你的時間真的已經被塞滿，還是沒有勇氣為了最想要的事，去放棄沒那麼想要做的事？會不會只是不想踏出舒適圈，害怕放棄懶散的安適感？回想看看，除了不斷抱怨沒時間，有沒任何可能性把重要的事情往前挪，當作第一重心，再刪掉其他不重要的瑣事吧！

有些事情沒那麼急，卻很重要

　　一開始經營副業時，我既不會管理時間，也不太懂決定優先順序，就像個不懂方法的工作狂，同時進行很多事情，緊接著卻又忙著收拾善後。這種生活過久了，我沒有辦法再花多餘的心思在身邊的人身上，和好友們相約，和家人相聚的時光，通通被我延後再延後，我就像一隻鸚鵡，只能重複說：「對不起，我最近實在太忙了！」「下次，等我下次有空的時候一定去。」因為我沒有好好區分工作和休息的時間，人也變得愈來愈奇怪。我用忙碌當理由，和原本珍惜的親友漸行漸遠，他們也不能諒解。

就在某天，我決定立下新的原則，希望自己過得像教會的人一樣。我本身並沒有信仰，但我身邊很多朋友都會去教會，他們把「星期天的禮拜時間」當作義務，挪出時間參加禮拜。無論多麼忙碌，就算周一有重要的考試，也必須在周日參加禮拜，因為他們從一開始就認定，周日就是已經預留下來要上教會的時間。

　　決定優先順序難免會有盲點，人們在思考重要性的排序時，最常忘記的是「不那麼急卻很重要的事」，例如對信仰者來說是參加禮拜，對無信仰者來說是和重視的人相聚，以及休息、運動、冥想等。雖然對生活而言很重要，但因為當下不急，帶來的改變和結果也不那麼明顯，因此總是被我們不自覺的延後。但愈是成果不明顯，就愈要刻意先挪出時間去安排。不管你有多少雄心壯志要做好厲害的時間管理，都不能忽略生命中那些珍貴的事情。

為什麼有這麼多傷腦筋的事？

清除無謂的瑣事，
專注在珍貴的人事物！

☑ 問問自己

花在不重要的事情的精力和時間，是不是比想像多？

避免時間浪費的技巧

問題不在追劇，在於你有沒有充電

很多人下定決心做時間管理之後，會以為需要強迫自己用「有生產效益的事情」去填滿時間，也容易誤以為很會管理時間的人，一定是一刻不停歇的工作、學習和自我充實的人。尤其是為了要寫記事本，更容易強化這種壓迫感。我聽過不少朋友說，應該要在行事曆上把每小時做完的事一字不漏寫下來，可是不知為何總不太想寫下「休息」、「追劇」等看起來「很廢」的事情。

但我想提倡的時間倍增術，並不是把所有時間都花在具有產能的事情上。

你應該有過這樣的經驗，休息過後可能有「啊，休息夠了！」的爽快好心情，也可能有什麼都沒做，時間無故消失的鬱悶心情。其實重點不是你屬於前者還是後者。如果睡眠充足，與其傻傻躺著休息，讓身體去做喜歡的事，才是更好的休息；或者發呆也是一種冥想式休

息，甚至天南地北聊天也是消除壓力的好方法。

　　我成立了一個「每天寫功能性記事本」的線上社團。我們會分享自己的時間清單，也就是把每天所做的事情分成5、6種範疇，很多會員都反應，最容易感到混亂的就是休息和浪費時間的差別。這兩者的共同點是沒有創造產能。原本休息對人們來說應該具有正面意義，但對不想浪費一絲一毫的時間的人來說，如果沒有搞清楚反而容易變成負面壓力——到底是休息，還是浪費生命？兩者經常難以分辨。

　　有些會員發現，最簡單的觀察原則就是：只要有充電的感覺，就是好的休息；如果休息過後覺得心情很差，就是浪費時間。當他們在體力和精神上到達極限時，就把放空時間視為好的休息。

　　雖然這題沒有標準答案，會出現各式各樣的看法，但大多數的會員都認同，如果是毫無計畫、毫無頭緒讓時間流逝才是浪費時間；如果能清楚掌握自己工作、學習、運動之間的空檔的休息，就是正面的充電而不是虛度光陰。

　　切記，管理時間最大的敵人並不是休息，而是既無法好好休息，也無法好好工作！得過且過任憑時間流進無底洞、無意識感的偷偷消逝，這些失去的時間，有如我們被刪減的人生，如果把所有被刪去的時間加起來，回想起來豈不是感到鬱卒又可惜？

不妨將自己當成時間的守門員，睜大眼睛，養成習慣去檢視一天之中有多少時間流進黑洞，以便掌握自己最常在什麼情況下浪費時間、哪些情況會讓自己無法打起精神或懶洋洋的恍神，但休息不等於空虛，唯有了解自己的生心理節奏，才能及時應變、解決問題。

造成工作和休息模糊不清的「智慧型手機」

　　我和所有人一樣，生活中已被智慧型手機緊密牽絆著，時不時就想查看手機，有可能是無意識的動作，也有可能是因為做某件事的時間快到了，我怕自己會錯過。但每當這種時候，我就會自我提醒，想想看現在是做正事的時間，還是做其他瑣事的時間？我滑手機，是不是只想知道有沒有跳出某某人對我按讚，還是純粹只是被網路文章的標題所吸引而東看西看？一直滑手機的結果，就是讓自己一股腦兒淹沒在「手機雜務坑」之中，這種情況屢見不鮮。

　　我也曾經沉迷智慧型手機，直到寫書的當下也還在努力面對這個問題。我試遍了所有的方法，才多多少少能大聲說我「含淚克服了」。以下方法看起來簡單，但我實驗多次後發現很有效！

1. 把手機關到抽屜裡

最簡單直接的方法就是放在眼睛看不到的地方。手機成癮可以說是反射性的習慣，如果手機放在眼睛看得見的地方，手碰得到的範圍內，在自己意識到之前，已經伸手把手機抓過來了，彷彿就像得了異手症。我的工作不需要使用電話，所以我開始工作就會把手機關進抽屜裡，並把充電器放在遠一點的地方。

2. 使用便利貼

即使如此，手還是會不聽使喚打開抽屜拿出手機，因此我推薦一個非常簡單的小小障礙物，就是在手機螢幕貼上便利貼。就算只是加上一個很小的屏障物，卻非常有效。當然你也可以在便利貼上寫下有當頭棒喝效果的短句。每當想要看手機時，第一，必須打開抽屜；第二，必須撕開螢幕上的便利貼。如果把過程變得麻煩一點，才有可能脫離手機的誘惑。

3. 訂下手機使用計畫

要處理很緊急、有時間死線的急迫性工作，或者必須特別專心的日子，我甚至會提前寫下「手機使用計畫」，名稱聽起來很不得了，其實方法很簡單。把今天預估看手機的時間點寫在便利貼，然後再貼在手機上。舉例來說，如果決定早上看一次，中午看一次，下午看

一次，完成工作後下班前看一次，就寫上「9點／12點／3點／6點」。每次查看手機時，也在旁邊寫下實際使用的時間。除了訂好的時間之外，絕對不滑開手機。不過這個方法對平常來說是有點誇張，我比較推薦給準備考試的學生，或截止日期迫在眉睫時使用。

最近市面上有銷售一種用壓克力製的手機保管盒，把手機放入透明壓克力盒子後上鎖，鎖頭具有計時功能，只有在設定時間過後才能解鎖。連這種匪夷所思的商品都出現了，可見手機成癮對現代人而言已到了十分嚴重的地步呢！

上網做功課？可能正在浪費生命

另一種典型的浪費時間是在網路上閒晃。

乍看之下，手機成癮和網路閒晃很類似，但最大的差異是，很多人誤以為網路閒晃是「為了之後的產能做準備」。

簡單來說，開始做運動之前，不斷上網瀏覽運動服裝，或搜尋做什麼運動才不會讓肩膀變得太壯；看一看，過程中又剛好逛到減重食品，於是卯起來看部落客介紹；後來更誇張了，乾脆把YouTube的介紹影片全部看過一輪。

這種沒有終止線的搜尋行為，當然會讓人毫無節制

陷溺在網路的汪洋中。

　　像這樣想到什麼就查什麼，一兩個小時莫名其妙就過去了。這種沒有止境的網路迷宮，正是令人分心的罪魁禍首，說穿了，你能獲得真正有幫助的良性資訊非常非常少。我常建議網友，與其在網路上找尋資訊，不如起而行更快。例如要健身，比起花好多好多時間在網路做功課，更快速的方法是先加入一家健身房，詢問健身教練有關運動的知識，才知道適不適合自己。想換髮型時，與其在網路上花幾小時瀏覽名人的照片和髮型，不如去髮廊請設計師根據自己的髮長和臉型，推薦幾種不同造型來得更有效率。

　　把「準備」當作藉口而浪費的時間實在太多了！我為此痛下決心，想到的對策就是訂出「煩惱的時間死線」。當時間受到限制，就不會順著雜亂無章的思緒瞎找，只會用來查詢真正急用的資訊。

　　要記住的重點是，做一件事情，需用收集的網路資訊比你想像的少！只要少量的基本資訊，就可以開始進行任何事情。例如你想當 YouTuber，根本不需要沒頭沒腦、無窮無盡去搜尋「如何成為一名網紅」，馬上動手拍影片，上傳 YouTube，這樣就可以了。**無論什麼事，開始做了之後所學習到的東西，才是真正有幫助的資訊**。即使真的因為功課做得不夠導致出錯，只要下次修正即可。因為網路閒晃得不夠久，造成事前資訊收集不足而犯了無法挽回的錯誤，這種情況並不多。

來整理下周要讀的書好了……

（2 小時後）
哇，這部電視劇要翻拍電影版了喔？

☑ 問問自己

須警惕是否用準備當作藉口，浪費太多時間。

Tips

聰明管理時間的工具

　　手機讓我們的日常生活變得更便利，但也同樣耗費我們大量的時間。一旦握有手機，就會不經意的浪費掉好幾個小時，委實是很可怕的東西！但手機也可以變成幫助我們管理時間的超好用工具，以下介紹有助於管理時間和制訂行程的幾款 app。

• Visual timer

　　這是我最常用來提升效率的 app，它的功能很簡單，是一種將剩餘時間以紅色標記出來的計時 app。安卓系統和 ios 系統都可使用。Visual timer 的優點是將剩餘時間用顯眼的紅色標示，當必須在限定的時間內維持專注力，格外有提醒的效果。運用番茄鐘工作法時，也可以同時利用這款 app，在限定的分鐘數內不滑手機專心完成事情。其中有一個 My timer 功能，可以針對經常性的工作事項事先設定好時間，使用時從清單中選擇即可。即使做相

同的事情，根據當天的專注力高低，每天所花費的時間也可能完全不同，它可以產生當日專注力的回饋數據，讓你方便評估。

• Focus

　　這款 app 在自行設定好專注的時間之後，能幫助你在有限的時間內學習或工作，和 Visual timer 相似，是更升級一點的版本。它能幫你統計一天的專注程度並顯示出來，可列出當日專注度和一周專注度，使人一目了然。你可以和昨天或上周進行比較，激發動力。如果你已經在使用功能性記事本，可搭配 Visual timer 使用更方便。

• Toggle

　　這是可以確認一天的時間花在哪裡，花了多久的 app，介面也非常簡單明瞭。每當開始進行某件事情時，輸入工作內容之後按下開始鍵，當工作結束時按下結束鍵即可。把幾點到幾點做了什麼事情記錄下來，累積之後會幫你統計數據。如果你的工作是一整天坐在書桌前辦公，或是學生，在手邊放功能性記事本寫記錄並不麻煩；但對外務繁多或不坐在定點工作的人來說，實體筆記本會有點不方便。例如正在搭公車時若剛好到了整點，很難掏出記事本做記錄，這時就可以使用 Toggle。

• WorkFlowy

　　這是一款很有名的條列式表單 app，甚至有專門介紹此款 app 用法的工具書，使用率非常高，令人驚豔的是它的介面出乎想像的簡潔。與其稱為管理時間的 app，更接近整理思緒的工具。它可以用來製作待辦事項或擬定行動步驟，使用起來非常簡單。當我在編寫書籍或演講的目錄，以及構想 YouTube 影片內容時都會使用。它的優點是可以與桌上型電腦、智慧型手機和平板電腦等所有裝置共用，運用度很高。由於這是世界知名的 app，部落格和 YouTube 上有很多介紹功能的文章和影片，可以根據需求充分運用。WorkFlowy 還擁有 YouTube 官方頻道，能定期寄送使用方法到你的電子信箱，如果有興趣的話不妨參考看看。

• Forest

　　這是為了減少使用智慧型手機時間而研發的 app。你可以事先設定「不使用手機的時間」，在這段時間內會長出樹木，如果中途忍耐不住打開手機，樹木就會枯死；如果樹木順利長大，會給予錢幣作為獎勵，可以使用錢幣購買新的樹木。這個遊戲般的設計算是具有一點強制性，但仍可以帶著輕鬆的心情當作完成過關任務，進而減少浪費時間。當你想要專注在重要的事情上，避免被手機干擾時，試著事先設定目標時間，種下樹木吧！

• myHabit

　　myHabit 有助於擬訂日常計畫。把日常生活中想做的事情製作成清單之後，可以像檢視清單一樣去使用它。以安卓系統來說，可以在經常觀看的手機主畫面存成小工具，每次滑開主畫面就會跳出視窗，提醒每天必須做的事情，也可以按照不同星期設定不同的目標。

5

建立高效的晚間計畫（下）：
活出想要的樣子

養成規律小習慣，讓身體自行啟動

光想到例行公事、生活常規這類名詞，
實在很難讓人有任何愉快的期待，
設定計畫後，重點在於舒心而輕鬆的去執行。
這時候，請把自己想像成小孩子，
改變再細微也無妨，
多稱讚自己好棒、好厲害，
自我感覺良好一點，
不催促，而是慢慢的、持續的，
直到變成身體習慣的一部分，
自然成為日常生活的規律。

任誰都無法回到過去，重新開始，
但可以從此刻開始，創造新的結局。

∧
卡爾·巴特
Karl Barth

小事堆出小成就，讓成功變成好習慣

意志力不是最關鍵的重點

　　小時候覺得每天在同樣的時間重複一樣的事情，非常枯燥乏味，但現在反而能享受穩定而規律的生活。就像前文提過的，管理晚間計畫、幫生活建立穩定節奏的目的不是逼死自己，而是為了讓自己不再手忙腳亂，能夠有品質、從容的使用既定時間。

　　培養出重複性的節奏感很重要，在相同的時間做一樣（或同類型）的事情，才能順勢形成習慣，也因此我把所有想要養成習慣的事，都納入日常必做的常規，例如每晚睡前固定 30 分鐘閱讀，晚餐前 30 分鐘做瑜珈等。原本閱讀或運動都是「有空才加減看著辦」的事，是很難養成習慣的，然而一旦形成自然規律，即使缺乏強悍的意志力也能夠長久實踐。

訂晚間計畫的三大階段

第一階段 建立小事。

第二階段 每天在相同時間重複執行。

第三階段 堅守設定的時間。

訂下計畫、定時執行，無論如何都必須維持在固定的時間執行，直到養成習慣為止，這件事說來容易，但中途難免會出現各種導致失敗的變數，以我的觀察，運動或參加同好會等活動，很多人是在第 15 天到一個月之間放棄。

在剛開始的階段一般人多會正面思考，告訴自己堅持一段時間就能看到成果，但光是為自己加油打氣，想用意志力撐下去是有勇無謀的——唯有簡單、好做，才能長久。因此從起步到第一階段最為重要，把事情的難度和負荷量縮小到最小單位，之後再一點點逐漸增加，未來才能建立可執行的大目標。

那所謂的小事，又是多小呢？首先，回想第三章我們提過的設定目標，既然是小事，初期要達成的目標規模就必須真的很小，不只如此，還要讓事情做起來不複雜、有趣。

有個不錯的觀念不妨銘記於心：「思考時要像大人一樣，但行動時要像個孩子」。就算已經出社會 N 年，

在計畫改變你的生活型態時，也最好把自己設定成小學生的程度。把所有的事情化繁為簡之後，當我們容易被滿足、被安撫，反而更有動力把事情做好。

從小而簡單的事情開始

這不是要你低估自己的能力，千里之行始於足下，再怎麼困難和了不起的目標，都源自於小事。唯有把小事做好，才能做好大事，請不要忘記這個道理。如果你心目中高遠的理想是一道高牆，那麼把每天要做的例行小事做好做滿，就是在鋪設墊腳石。許多人一不小心就變成眼高手低的人，每天光盯著高牆看，卻從來沒想過幫自己搬塊石頭或架個梯子，只不斷自怨自艾：「別人都能做得好，為什麼我連這關都過不了？」擅長完成大事的人，並不是一出生就像撐竿跳選手一樣，個個都是天才，多數是一步步腳踏實地鋪設墊腳石的人。

接下來我就來分享建立例行計畫的訣竅，讓晚間計畫在日常中穩穩扎根，變得更簡單更有趣，也讓你更渴望一直實踐下去。

吃完晚餐要聽課程，
真沒意思……

在下班路上聆聽課程，
反而更專心了！

☑ 問問自己

想要建立可長可久的常規，是否找出最適合自己的模式？

⏱ 不要在一頭熱的時候
開始進行

熱情過剩會噎到

　　我們有時候彷彿被雷打到，突然湧現想要「認真過生活」的衝勁，這時會變得很積極，主動去接觸能夠點燃動力的各種管道，例如四處聽演講，參考認真過日子的人都怎麼說；開始看自我充實的勵志書，鼓舞自己今天一定要過得跟昨天不一樣、生活作息將會一百八十度大轉變等等。但是憑藉這種曇花一現的熱情去嘗試某些事情時，會產生許多誤區。

　　想想看，當你肚子餓了好幾天，眼前突然冒出一堆美食，很可能會因狼吞虎嚥而噎到。過去沒做過的事、不擅長的事，突然要開始進行也是一樣的道理，在熱頭上所設定的目標，往往是非理性的，執行後一旦狀態不好，反而更容易因為感受落差太大而放棄。更大的問題

是，這種過度熱情又過度失落的情況反覆出現之後，會內化成「算啦，反正我就是那樣」的思考模式，且一路往負面的道路走。所以我一再強調，累積小事的滿足感很重要，那些平日裡微不足道的小事，可以堆疊出階段性的成功經驗，並強化形成「我是有能力的人」的正面回饋，讓成功變成一種好習慣！

透過小事，也能帶來動能。當我開始解決一兩件小事，有了底氣，就能夠順勢完成大事，因為在我的潛意識中已經牢牢印著「其實沒那麼困難」的正念。環顧四周，學校也好、工作場合也好，一定會有某些人無論什麼事都可以做得很好，難道他們都是天生優秀或仰賴運氣嗎？其實更有可能是在你看不到的時候，他們早已從生活中的每一件小事累積成就，信心愈疊愈穩，而信念創造力量，自然容易在各種領域大展身手。

很容易做的事，比較不會偷懶

既然要從「建立小事」開始，就要盡可能縮小事情的規模，降低難度的門檻。舉個具體的例子：你下定決心要學好英文寫作，但請不要一開始就訂下「我每天要上一小時的英文課」，而是從「一天背 3 個英文句子」開始。利用下班後的晚間時光學習英文是中長期的規

畫，但初步目標只需要很單純的：從每一日學到的 3 句英文獲得滿足感。

小事真的「很小」，在別人眼中或自己心裡大概都覺得微不足道，做完之後，搞不好還會心想「哎呀，這根本不算什麼嘛」，但也因為不會太困難或花太多力氣，無論下班後多麼疲倦，多麼有氣無力，一整天過得多麼忙碌，還是能夠一一實行，這也可以斷絕「因為太忙」、「因為太累」等不想做的藉口。

每做完一件小事，別忘了讚美自己，就算是很刻意也沒關係，動不動就多為自己歡呼「哇，成功了！我好棒！」。這既不誇張也不矯情，因為有做就是贏！你的確做到了很了不起的事！

要知道即使是再小的事，要建立新的常規就是一種挑戰，世界上有很多人連一點點的挑戰都不敢去試，寧可緊抱著一成不變的生活。只要你的生活有一點點不一樣，就值得歡慶，就有動力做得更多一點。

此外，小事的規模可以調整，等到這些小小的實踐變成像呼吸一樣自然，就可以稍微增加事情的廣度和深度，屆時你會意外發現自己竟能游刃有餘的做好之前沒想過的事。

培養自己，不是一種比賽

　　我的個性雖然散漫，但在某些方面卻很愛逼迫自己，做事情永遠要搶快搶著做好。我就像一頭鬆開繩子就拔腿狂奔的鬥犬一樣，脾氣又急又差，因為太習慣把所有的事都當成「比賽」，一旦開始就想要快快做完，甚至就連學冥想這種需要放鬆的課程，也忍不住催促自己盡快學好學滿。冥想是一種「把被慾念覆蓋的妄想消除的過程」，我卻很諷刺的把冥想本身化作功利之心。雖然我後來領悟到不應該那麼急躁，但那已經是過了很久以後的事了。當下一心只想要表現好、學得快的慾望，遮蔽了我的眼睛。

　　後來當我懂得分辨哪些事必須燃燒精力去做，以及哪些事又必須慢慢享受、穩穩做下去，這才領悟到：有很多事情我會中途放棄，是因為我衝刺的速度超越了我的能力，我駕馭不了它們。尤其是剛開始規畫晚間時光的時候，還在摸索階段，我就一頭熱太過於急躁。

　　想想看，你要選哪一種：花很多力氣開啟新生活卻輕易放棄？還是輕鬆的從小事做起然後能持續下去？如今，我當然會選擇後者。

　　不知道是誰說過，人生不是短跑，而是馬拉松，但是我認為人生更像是沒有終點的一場散步，走到一半覺得不想走的時候，就坐下來歇腳也很棒，發現美麗的花

朵時，駐足欣賞一番也無妨不是嗎？

　　帶著這樣的心境往前走，沒有什麼事情是無法持續下去的。

別認為「我應該要去做」

　　愈是很想實踐的事，就愈要屏除我「應該」要去做的想法；放輕鬆是第一要務，帶著「自然而然去做」的想法才好。人的天性就是如此，當我們在心裡過度強調某件事的重要性，還得刻意催促自己的話，身體就會開始抗拒，使勁逼自己去做，反而會不想做，也提高了失敗機率，就好像翹翹板一樣，當「我應該要去做……」的念頭一冒出來，自發行動的意念就會消失。不管大人或小孩都會碰到類似情況，原本想做的事情，如果由別人發號施令要求你去做，就會變得意興闌珊。

　　我們往往以為那些每天按時照表操課的人，一定是充滿熱誠或自律性極高的人，但出乎意料的是，他們不需耗費多大的力氣就能做到，即使偶爾一次沒有嚴守常規，他們也不會妄自菲薄的想「啊，我果然很遜，我的意志力真弱」。

　　如果把某件事情看得太嚴重，在開始的時候、執行的時候、失敗的時候，都會對情緒造成很大的影響，導

致患得患失、心力交瘁。

　　即使是非做不可的事，也可以放鬆的完成。我們認為某件事很重要，實際上往往不是因為那件事情本身很重要，而是我們心裡習慣性的賦予它重要性，只要心情放輕鬆一點、愉快一點，專注眼前能夠做到的事情就可以了，最怕的是眼前的事都做不到還一直遙望未來。

☑ 問問自己

是否在一頭熱時設定目標？這會讓你無法堅持下去。

思考像大人，行動像孩子

無論如何都要有趣！

我們想要建立常規的事情，大多是一開始不怎麼愉快的事；如果感覺快樂無比，根本不須刻意提醒就會開始行動。管理時間不是要「鞭策自己」，太過費心費力去規範自己反而會降低行動力，甚至責怪自己，以為自己是世界上意志力最薄弱的人。

前面我把自己比喻成小孩子，從建立小目標開始去做自己不想做的事，現在再拉低一個層次，乾脆把自己當成家裡的小狗狗吧！訓練小狗的時候，需要給予零食作為獎勵。坐下、站起、等候、伸手等，每次做得好就給點零食，多做幾次就能驅使小狗自動自發完成。我們也需要這樣的獎勵，如果連續一個月都照著例行計畫走，就容許自己把因為忙碌而沒時間追的劇一口氣追完，或犒賞自己吃一頓奢侈的大餐等等，雖然是小事，

卻是很幸福的獎勵。

然而有獎賞當誘因固然很好用，但讓事情本身做起來有趣一點會更好。要把無趣的事變得有趣，並不容易，但與其強迫自己一直重複做無趣的事，不如絞盡腦汁努力想想如何讓事情變得有趣，**其中一個好方法就是創造讓自己享受其中的環境。**

我來分享一個好友做居家體適能訓練的例子。朋友想在家做訓練，但機械化的重複動作做久了難免感到無聊，於是他買了一顆亮晶晶的鏡球掛在房裡，打開燈光，大聲播放音樂，創造一種嗨翻天的運動環境，再鼓舞自己重新投入運動；但時間久了，他又開始感到無聊，於是又改變策略，乾脆不做那些制式化的動作了，這回乾脆玩起任天堂的武力全開遊戲，結果每次都玩到汗水淋漓，而且因為過程太有趣而忘了時間，自然也不會感到無聊了！

又或者，如果讀書讀累了、煩了，可以在每次閱讀時播放自己喜歡的新世紀音樂，也很有幫助。何必一直忍受著厭倦感去做呢？從讓事情變好玩的角度著手，持續摸索，就會找出適合你的方法。

讓成果顯而易見

看得見成果，這是十分重要的動力。我們列在計

畫目標中要執行的事，大多不容易在短期內看見成效。現實是，現在忍著不吃一塊巧克力，明天也不會突然變瘦；今天多讀幾頁書，也不會立刻變成那個領域的頂尖專家。我們為了眼前看不見的成果，當下必須放棄更誘人的耍廢或甜蜜的休憩，豈不是像每天被迫接受「棉花糖實驗」的大人一樣要忍耐再忍耐 註1？

成果必須顯而易見，事情做起來才有「滋味」。

我在建立新的常規時，**會使用「Habit Tracker」記事本（習慣養成日記本，或「習慣追蹤紀錄」）**助我一臂之力，有實體記事本，也有同名的 app 可下載。習慣養成日記本和一般日記本不同，會分成很多以「月」為大單位的表格，每一個大單位又各有 31 個欄位，讓你可以在執行完畢的日期塗上顏色。我們可在每個月的前面寫下「每天閱讀至少 100 頁書」、「每天做 100 個深蹲」等目標，開始執行後，達成一天就塗上一格。填這個表格時，為了不想出現空白欄，我會更積極實踐，這小設計就是這麼奇妙，塗滿顏色的欄位非常顯眼，讓人覺得滿足，也勾起更多動力。

這種習慣追蹤記錄法特別適合剛學游泳或爵士鼓等新事物的人使用，舉例來說，剛學游自由式的前幾次，就用手機把姿勢錄影起來；學英文會話，就錄下剛開始說英文的影音；初學樂器也是一樣做法。等一陣子後，例如一個月、兩個月過後再拍一次影片，再來跟最初的

HABIT TRACKER 〈習慣追蹤器〉

Goal	**每天做 100 個深蹲！**					
①1	②2	③3	④4	⑤5	6	7
8	9	10	11	12	13	14
15	16	17	18	19	20	21
22	23	24	25	26	27	28
29	30	31				

影片做比較，應該會明顯看見自己的能力進步了。

眼見為憑，無論做什麼事，如果付出小小努力就能親眼見證成效，明確看見進步，下一個月的執行就會更愉快也更輕鬆，彷彿有加倍的能量，讓實踐計畫變得更加容易！

另一種情況是，不管多努力，依然覺得每天要規律性的執行計畫很辛苦，此時請重新思考看看，「為什麼非要讓這件事變成習慣？不做不行嗎？」也有必要再次審視，是否因為別人都有做，我害怕落後，所以才覺得自己也應該要做？

「必須」在同一時間重複去做你不想做的事，其實是一種酷刑。真的非做不可的事，一個辦法是轉變方

法讓它變得有趣，或拆成小小的單位，降低辛苦的程度
——如果這兩個辦法都行不通，那就是放棄的時候。知
道何時應該放棄，該放棄的時候灑脫一點、絕不過度執
著，也是一種可貴的能力呢！

註1：「棉花糖理論」來自史丹佛大學的實驗，提出「影響一個人
　　　成功與失敗的因素，並非只有努力的程度或是聰明才智，而
　　　在於能否『延遲享樂』」。喬辛・迪・波沙達（Joachim de
　　　Posada）、愛倫・辛格（Ellen Singer），《先別急著吃棉花糖》
　　　（Don't Eat the Marshmallow…Yet! The Secret to Sweet Success in
　　　Work and Life），2006年。

啊，實在好累……好想放棄……

乾脆跳舞代替運動吧！

☑ 問問自己

就再幼稚也無妨，做起來有樂趣最重要。

形象塑造，
讓自己變成理想中的樣子

改變自我認知

　　人們往往會在無意間對別人下定論。「那個人好小氣！」、「那個人太善良了，一定老是被欺負」、「那個人無論什麼事都很積極卯起來做」等，人們對身邊的人多少都有刻板印象，對自己的認知也是一樣。我擅長什麼、不擅長什麼、討厭什麼、對什麼沒有自信等……許多時候這些自我認知決定了行為，準確來說，通常也限制了我們的行為。

　　例如，認為「我沒有運動細胞」的人就不太會去運動。其實如果踏出去嘗試各種運動，應該至少會發現一種適合自己的項目；不試，就永遠不會知道，就會永遠停留在「我沒有運動細胞」的自我印象。

　　當一個人對自己的認知太過負面，周遭的人也會被當事人影響而侷限於那種形象。舉例來說，你記得曾經

某次參加新聚會，卻被人們忽視，於是自認為「我無法融入新團體」，即使下次有機會認識新朋友，你也會有心理陰影而不想參加。陷入負循環之後，漸漸的，周遭朋友也開始認為這種場合你應該會不自在，所以也不再找你，你認識新朋友的機會愈來愈少，你也更確信「對啊！我就是不擅長交新朋友、我很難被新團體接納」。

也就是說，刻板印象除了令人畫地自限，也會讓一個人對自己的負面觀感無限放大，那如果改成正面觀感又是如何呢？例如不斷自我提醒「我很勤勞」、「我很會運動」、「我很細心」，然而光憑這些是很空虛的，幫助有限。有人主張只要不斷透過正面的自我暗示，就能改變我們的大腦結構，但我不認為幾十年來已習慣某種傾向的思考習慣，能簡單用幾個月、甚至幾年的自我激勵去改變。如果這是可行的，應該每個人早就輕而易舉的脫胎換骨了！

你問我是誰？我是很厲害的人

要以正面形象來定義自己，最有效的時機應該是在前面提過的「付出一丁點努力取得等值的小成功」之後，此時用略帶吹噓的方式去激勵自己最合理也最自在。什麼運動都不去嘗試的人，光坐在房間角落，無論再怎麼

鼓勵自己「我其實超會運動，只是不想做罷了」，潛意識也絕不可能相信。真正需要的對策是徹底降低門檻，每天做點再簡單不過的小運動，例如不出門，就在門口跳跳繩吧，即使沒有大爆汗，只達到最低標也很好，然後沖個清涼的澡，盡情享受通體舒暢的感覺，想像你自己就像跑完全馬的馬拉松選手一樣。接著，一口氣乾掉一杯酒，然後往自己臉上貼金說：「哇！我也是很陽光的運動咖！」就像這樣，無論行動多麼微不足道，重點都在「自我暗示」必須和「行動」兩相結合才有效果。

就像我們常跟小朋友們說你很棒、你做得很好，他們真的會精神奕奕認真去做事。這真的很重要：想建立常規計畫，就要把自己當作小孩子對待，先讓自己看見小成就，接下來浮誇的自我讚美，告訴自己我很棒，我不是懶惰的人，我是很厲害的人，進而在腦中重塑自己的形象吧。

帶著重新塑造的形象生活，就像重設的新操作系統一樣，當你的自我認知變得正面了，無論未來要面對的選擇大或小，你都會反射性做出符合自己嶄新形象的決定。

發揮想像，覺得我很酷

不妨想像一下自己努力的樣子吧。2008 年 SBS 電

視台推出一齣電視劇，名為《神的天秤》。這齣戲以法庭劇為主軸，一開始出現學生們在司法研修院 註2 的場面，這時男主角登場，鏡頭拍攝他在圖書館唸書的樣子，這個畫面讓我印象非常深刻。男主角在研修院的圖書館熬夜 K 書，後來不敵瞌睡蟲，決定趴著小睡片刻，可能是怕自己睡太久，於是他設定了手機鬧鐘，轉成震動模式，最後還用繩子把手機綁在手腕上。為了成為一名好法官，男主角是這麼殫精竭慮的用功讀書！他認真的樣子讓我真心覺得帥斃了！

從那時起，每當我讀不下書時，腦中就會浮現男主角的樣子，把自己想成他，想像我讀書的樣子真的又美又認真，然後再繼續埋頭用功，很奇妙的，因為把自己想成很酷很厲害，心情上就不會那麼累了！這方法如此單純，卻真的能夠令人恢復精神。

每當我上傳讀書影片到 YouTube，會精心挑選筆記內容，字跡也寫得特別工整，費心拍下帥氣的用功模樣再上傳，沒錯，我會刻意把自己包裝得比現實更完美一點，但並不虛假。我相信要讓觀看的人覺得賞心悅目，才能激發同等的動力。

「認真唸書的樣子真酷！」當別人也產生這樣的感覺時，就可以稍微緩和一些讀書的辛苦。

這麼做多少是有點幼稚啦，不過別忘了，好逸惡勞、趨吉避凶原本就是人性，人的本性其實是很單純的，把

勞心勞力的事變成輕鬆的事，才可長可久。普通人會「辛苦的去做辛苦事」，但真正的高手可以舉重若輕，把辛苦的事做得輕鬆愉快。

註2：韓國培養法官、檢察官、律師的綜合機構。

聽到鬧鐘響起就膽戰心驚，
不斷告訴自己要跟渾渾噩噩的過去說掰掰！

我是享受早晨的俊男美女！

☑ 問問自己

煥然一新，成為自己心目中理想的樣子吧！

⏱ 一起前進，
能走得更遠更長久

找尋與你同行的人

　　一個人跑步跑久了，有時會自我懷疑，覺得自己是不是做白工，或難免意志消沉。這時如果有同行的人就輕鬆多了，可以做彼此的監督者，增進行動力，也能讓人更有續航力。

　　我相信不管做什麼事，身邊能與你同行的人愈多愈好。「每天做那件事到底能幹嘛？」畢竟這個世界上有太多張開嘴沒好話的人，如果身邊能有一些有信念、有行動力的人，就能為自己帶來力量，例如加入標榜自我成長的社群團體，自然就能互相分享有建設性的話題。在正面的環境中去表達自己，這件事本身就是改變的契機，能幫助你不再回到原本的惡習，不再散漫度日。

　　我創建了幾個培養習慣的團體，其中線上的「每天寫功能性記事本社團」很受歡迎，每月報名的人數很快

就額滿。但即使是對這件事感興趣才加入的同好，一開始還是有不少人認為日常生活中要時時拿出記事本記錄很困難，懷疑「一定要做到這個地步嗎？」，也不確定「這樣做是對的嗎？」，不少人會產生這種疑慮，此時，能夠向前輩（例如我們社團有小組長）或其他會員尋求建議，看到他人長期寫紀錄之後所產生的變化，或多或少都能獲得信心。

在網路找同溫層必須注意的事

參加網路社群也有必須留意之處，因為聚集了和自己理念相近的同溫層，它是最容易因為從眾心理而造成觀念扭曲的地方。常見的情況是當大家討論某一個主題，總會有少數主見強勢的人，不管他有幾分證據，很容易因為用字遣詞比較激烈而掀起討論熱度。切記，參加任何線上或實體團體，如果過於盲目只相信該社群的意見，就如同被洗腦的信徒，一旦失去自我思辨的能力，不是變成井底之蛙就是變成偏執狂。必須時時提醒自己保持清明，多看多聽多想，不被各種輿論風向所蒙蔽。

即使是針對同一主題所舉辦的聚會，也會有很多不同的聲音。我也參加了一個「素食者社團」。因為素食種類繁多，參加者也非常多元。有的人是只有牛、豬等

肉類不吃，但有吃海鮮的「魚素主義者」；有的人是連牛奶、雞蛋、蜂蜜等來自於動物的產品都不吃的「全素者」；有些人則是嚴格到連皮革外套和羽絨衣都不穿。雖然各自有不同的奉行方式，但大家共同的目標是盡可能保護動物和環境。即使是全素者，多半也不會批判食用海鮮魚類的魚素主義者，魚素主義者也不會把自己昨天吃的龍蝦大餐照片故意上傳到社群。

　　與其強硬堅持自己的立場，不如從更宏觀的層面，在價值觀方向相同的情況下，在合理的範圍內彼此接納、互相尊重。這是所有網路社群都必須具備的心態。只要彼此多一點理解和包容，就能避免因微小的意見紛歧而發生爭執。

　　沒有人能夠期待別人體諒自己，也許我認為是有禮貌的事，但可能別人不這麼想。因此一個好的社群，主事者必會事先制定規則以避免紛爭。例如我們的守則是「不可分化另組小團體去指責彼此」、「減少提及動物性食品和產品，避免造成其他素食者的不悅」等，像這樣事先訂立規則，能夠避免無意義的爭執。

兩人或一人都無妨

　　創立網路社群，這件事聽起來也許讓人覺得工程浩

大，但絕對比你想像的容易。喜歡一個人獨立做事情很好，或者和朋友一起做也很棒。例如運動，只要有一個可以一起上健身房的朋友，往往會比自己一個人的時候更常去。當我寫作沒有靈感時，會去找正在唸研究所的朋友出來，我們約好時間之後，各自帶著筆電在咖啡館碰面。兩個人坐下來，我寫文章，朋友寫論文，我們也會分享彼此的瓶頸。雖是在同一個空間裡做不同的事，雙方卻都更能夠專注。

獨自一人所下的決心很容易放棄，但是和朋友訂下的約定不好意思爽約，只好起而力行，這就像一種啟動行動力的小小裝置。

但我相信也有許多人更喜歡自己一個人做事，覺得更自在一點，如果習慣一個人，就不見得非要加入群體，參加或創立網路社群並不是提高行動力的唯一方法，要單獨前行還是打團體戰，原本就因人而異，重點是能否找到誘因。

總而言之，付出一點點努力，讓執行更輕鬆，這份努力最終會衍生成為良好的習慣，有助於建立起可延續的好規律，而努力的方法有很多，結伴同行是其中一項值得一試的策略。

真的好討厭一個人去做唷。

我們約好，沒有說到做到的人
就罰錢，怎麼樣？

☑ 問問自己

一個人做覺得辛苦嗎？那就找個人當彼此的打氣筒吧！

這樣做，早上能量充沛！

　　每天早上鬧鐘響起，好不容易強迫自己撐開雙眼，嘆了一口氣，匆忙準備上班，除了趕、趕、趕，往往無暇想太多——要怎麼做才能改變這樣的早晨呢？早上是決定一天心情和心態的時區，所以除了晚上，我也花了不少心思在早晨時光的安排。很多人會趁上班途中滑一下手機看新聞，但我盡可能不在早上看。原因很簡單：大多數的新聞不是讓人生氣，就是令人難過或過度憂心，再加上網路意見七嘴八舌，如果看到惡意留言更會覺得憤怒。我不希望用負面心情展開一天，所以選擇遠離。

　　我的晨間計畫會根據情況而略作調整，其中維持超過一年的習慣是起床後運動、寫功能性記事本、閱讀 10 分鐘書籍，因為這些都不是什麼特別重要的事，執行起來沒有負擔，很適合當作一天的熱身。

・運動

　　我在早上通常很有精神，比晚間更適合運動，主要

是我一想到下班之後還要拖著疲憊的身心去運動就眼冒金星，所以我通常都是一起床就運動，此外發現在自己在空腹的狀態下運動更容易變瘦。晨運的時候，因為身體處於固定姿勢過了一個晚上，因此一定要充分熱身和拉筋，幫助身體伸展。

・寫下「今日的決心」，檢視「待辦事項」

運動完之後，我邊吃早餐邊打開功能性記事本，在 Goal 那一欄寫下「今日的決心」，並檢查前一天晚上已列下的「重點待辦事項」。

等一下，重點待辦事項和今日的決心哪裡不一樣呢？待辦事項在前面章節有提過，把當天必做項目，按照輕重緩急列出來。但「今日的決心」不一樣，主要是寫下當天的心境，不妨想成在早晨決定一天的心態。舉例來說，決定「今天要仔細聆聽別人講話」、「今天要親切對待所有的人」、「不被莫名出現的情緒操控」等。

・短暫而深層的滿足感，閱讀十分鐘

晨間時光的特點，同時也是優點，就是通常不易被打擾。晚上下班後可能突然有人約你，或有很多其他突發狀況，但相對來說這些比較少發生在上班前。早晨是專屬於自己，只有自己能運用，不被打擾的珍貴時光，能善加利用就別浪費。我喜歡在這段時間讀書，雖然只是短暫

的 10 分鐘時間，無法閱讀大量內容，但能在一天的初始做自己喜歡的事，足以讓我快樂。早晨運動完覺得能量充沛，閱讀的同時感受靜謐的快樂，兩件事都為美好的一天做好準備。

·早餐

我每天一定會吃早餐。根據我的經驗，有吃早餐和沒吃早餐會大大影響上午的狀況。尤其如果一上班就覺得有氣無力、無法專心，與其喝咖啡，不如吃個早餐，有很多像地瓜或稀飯等不會造成腸胃負擔的食物。光是「好好吃頓早餐」這個動作，就有可能提振你的精神，提升工作效率。

LESSON

想耍廢的時候怎麼辦：
6 種危機處理法

什麼都懶的時候，就只做一點點吧！

任誰都有低潮，
但要選擇度過這個難關，
迎接下一個熱情尖峰期，
還是選擇被低迷席捲，放棄一切？
取決於你自己。
不一定要做得好，只求做得久。
盡力維持最低限度就很好，
能不放棄，遠比力求完美更重要。

現在正是把你變得更傑出偉大的時機。
今天若無法達成，難道明日能完成嗎？

∧
托馬斯・肯培
Thomas A Kempis

晚上有約，
導致計畫生變時

我只要有做一點點就好！

如果你問我，晚間計畫能堅持做下去的秘訣是什麼，我認為第一就是不要求自己做到完美。原本下定決心要持續做一件事，結果中途放棄，其中大部分原因就是對質與量都過度追求。我們不是神，無法總是完美，也許會有那麼一次近乎完美，但要永遠維持一樣的巔峰狀態是不可能的。在實行晚間計畫時，如果今天我必須選擇「不完美不如不要做」或「放過自己，稍微降低標準」，我的選擇當然是後者。

每個人應該都有這樣的經驗，「今天實在不行，明天吧！明天開始我一定會好好做」。當你讀到這裡，應該猜到我想說什麼，但其實我不是一個律己甚嚴、時時自我鞭策的人，我會努力堅持的是「實踐計畫表的事

項」，但不一定需要「合乎標準」，甚至只要做到一點點就夠了。

要延到明天？還是多少做一點？

　　你有時會遇到以下情況：許久不見的朋友突然約見面，很晚才回到家，或公司有突發狀況要忙著處理，一下班很想馬上躺在床上。這時應該怎麼辦？每當發生這種體力或精神雙重疲憊的情況，到底是反正今天沒指望了不如延到明天？還是告訴自己多少做一點點就好？答案是後者，多少做一點絕對更好。

　　真的很不想做的時刻，我會這麼想，今天休息的話，我明天絕對不會做，而且會更加倍的不想做，因為人有惰性，當下讓自己放棄的藉口，到了明天會變本加厲，反而會變成一件「躲不掉」的事，或冒出一種好煩、更不想做的感覺！如果是身體不舒服，也盡可能讓自己多少做一點點，沾到邊也好，進度少得可憐也無妨，「有繼續做」就可讓你的進度延續下去。

　　我也一樣常想偷懶，感覺很累又嫌麻煩時，上游泳課就會故意遲到，上到一半還緊貼著泳池牆壁偷偷休息；當我覺得功能性記事本已經寫到膩了，多少也會敷衍跳著寫；讀書讀不下去的時候，我就只讀一頁。做得不踏

實也沒關係，無論如何，重點是要每天去做，即使完成度不怎麼樣。

修正是為了走更遠

　　假設原本目標是「每天跑 7 km」，但你可能老是因為沒達標而想要放棄，那不妨就修正為「每天有跑就好，維持一年」吧。目標是「每天持續，長期維持」，而不需要限定每天跑多少，可根據當天的情況，如果狀態不錯想多跑一點，那就跑久一點。久了之後，對身體的負擔變小了，自然會浮現想要比昨天多跑一點的念頭，那時候就多跑一點或跑快一點。反過來，如果今天不想跑步，就隨興跑 5 分鐘，不要給自己壓力。「每天跑步」才是第一重點，不管 5 分鐘還是一小時都很棒，只要想跑即可。像這樣有彈性的持續一年看看吧，一年後再來觀察是不是有可能達成「每天跑步 7 km」的厲害目標。

　　調降標準不是敷衍自己，而是在不過度勉強的狀態下找到持之以恆的策略。

雖然今天真的無精打采⋯⋯

還是要讀完一頁書再睡覺。

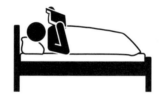

☑ 問問自己

不完美也沒關係,但是可否當個無論再少「都會做」的人呢?

⏱ 低潮和無力感
突然來襲時

動力也會變壓力

突然間覺得什麼都不想做，那就是低潮來臨。我相信多數人都有過這兩種狀況：狀態好的時候就算事情再多，也能享受這種充實忙碌的人生；然而當低潮來臨時，所有事情就變成壓力罩頂，只好勉強自己一邊埋怨，一邊機械化的做著手上的事。你的腦袋一片混亂，後悔著「真希望不要想那麼多，乾脆卯起來休息好了」。這時也是最容易中途放棄、破壞常規的時候。那麼當低潮來襲時，該如何克服呢？

首先最需要做的就是，不要因為負面情緒而大驚小怪。無力感可能降臨在任何人身上、任何時候、任何情況中，我會把低潮當作周期性來訪的事件。所以當低潮來襲時，心想「又是你、你又來了」，如此乾脆承認它

的存在。「What you resist, persists.」（凡你抗拒的，就會持續），面臨低潮時，必須警惕不要陷入「為什麼又這樣？為什麼是我？明明別人都很順利！」等負面迴圈，更要避免把事情看得太嚴重。

順利克服無力感和低潮的訣竅

有 3 種方法可克服周期性的無力感和低潮期：

1. 不是低潮，而是離峰期

我把低潮稱為「離峰期」。雖然只是小小改變稱呼，但語言帶來的意境和影響力很大。一聽到無力感和低潮，難免會具有負面意義和擺脫不了的情境；但是稱為「離峰期」，就表示既然有離峰，就會有尖峰。如此一來等於告訴自己：「不用緊張，我只是暫時性碰到熱度較低的時期，但活力充沛的日子很快會再次來臨。」也不要因為身邊的人對你說：「怎麼不像之前那麼積極了？」而感到沮喪，可以回答：「我最近只是剛好碰到非尖峰期啦！」任誰都有低潮，但選擇度過這個難關，迎接下一個熱情尖峰期；還是選擇被低迷席捲，放棄一切？皆是取決於你自己，只要換個說法，就可帶來心境的扭轉。

2. 減少事情的份量

　　離峰期來臨時，最好能減少事情的份量。有的人會用正面對決的心態，刻意更認真更拚命想去克服它，但是光靠著熱情或「初心」就能順利跨越的話，那就不是低潮了。

　　重點在於有彈性、有節奏的去駕馭低潮。當大浪來襲，不是捨命應戰，而是放掉力氣，適當融入。狀態好的時候多做一點，狀態不好的時候少做一點，嚴重低潮時就做得再更少一點，記得嗎？重要的是不放棄。假設你的常規計畫裡包括每天讀書，當你處於離峰期，一樣就坐在書桌前翻開書頁，但改成只要唸完章節的標題就闔上書本，而不是強迫自己燃起鬥志硬吞下去。完全不做，會變得更不想做，只會讓低潮持續更久——切記，可以少做，但不能不做。

3. 不要恐慌，充分休息

　　當低潮來襲，決定減少事情的份量並休息時，不要覺得恐慌，把神經放粗一點、好好休息吧。我的個性是什麼都不做的話會感覺不安，所以這部分我也還做得不夠好，但我知道「有計畫的休息」是必須的，就如同前面章節提過的，能達到充電效果的休息就是好的休息，而不是空虛的度過時間。

產生想要拋棄一切的厭世感

人們出現厭倦感的原因大致分為兩個：一是為了目標，必須犧牲現在的快樂；二是努力過後卻沒有獲得想要的結果。冷靜想想，成果本來就不一定會和努力成正比。我努力的比別人更多，但別人就是比我更快達標；我比別人更用功，但考上的是別人不是我。這些情形在所難免，所以我前面也提過，抱持著破釜沉舟的決心未必能有盡如己意的結果，「沒達成目標絕對不行！無論用什麼手段一定要成功！失敗的話就完蛋了！」──如果帶著這種執念去追求目標，往往會導致你的人生痛苦不堪。

的確有時我們必須賭上一切，為了目標全力以赴，例如準備升學考或國家考試等大考。但是不能一概用這樣的心態去肩負人生中大大小小的目標，就算犧牲現在的快樂去達成了，也只有那一瞬間感到滿足而已，在走到目的地之前，往往會遭受喪志或疲憊的折磨。

目標只不過是方向鍵

目標是為了指引正確的行動方向而訂立，而不是為了折磨現在的生活。但是我們可以看到有很多人盲目追

求目標，掙扎不出泥沼。最理想的狀態是，你的願望能轉化為具體可行的目標，同時也能夠享受追求的過程。

得到夢寐以求的東西而欣喜若狂、達到預設的業績數字、賺到相當的金錢⋯⋯不論是哪一種，這份愉悅感很容易消失殆盡。只因現代人對於努力追逐想要的東西已經上癮。這不是比喻，就是字面上的意思——成癮。因而我們應該把焦點專注在感受內心真正的滿足，而不是數據化的目標上。例如我的生活更充實，昨天辦不到的事情今天成功了，這些就是內心的快樂。

多去感受「我今天做到了」所帶來的滿足感。採取行動後，保證你可以做得到的是「行動」本身，而不是「最終結果」；專注在行動當下，能夠帶來即時的滿足，不會衍生無謂的痛苦。

試著分辨感官快樂和心靈快樂的差異吧！

天啊！我什麼都做不好……

遇到熱情離峰期就做一半吧！
尖峰期總會來臨。

☑ 問問自己

能否調整心態，把低潮和無力感視為「離峰期」的過客？

再怎麼努力
也不滿意時

人們為什麼自虐？

　　我在 YouTube 頻道上傳一些關於自我成長主題的影片，久了之後很多人問我能不能幫忙為他們的煩惱提供建議。有幾次當我進行現場直播時，網友會在底下熱烈回應，貼很多訊息，大多與自己難解的困擾有關。有一位網友說要求自己做到一百分，但每次只達到六十分，於是埋怨自己，對自己失望，每天陷入自虐的循環卻苦無對策。

　　和他一樣，因為沒能達到自我標準而承受壓力的人非常多。我發現常造成大家「卡關」的問題癥結點，分成兩種情況：第一種情況是，只有心裡想著要做到卻不行動；第二種情況是已經盡力去做，但總覺得不滿足。我想一一說明。

1. 光「想」不練，行動跟不上

　　腦子裡想著每天要持續運動，或下班後要做有興趣的事，但真的到了晚上，什麼都不做只想癱著不動。像這樣心裡很想做點什麼，卻遲遲無法行動又自怨自艾的人，解決方法只有一個：今天就去做！

　　獸醫學教科書中很常出現的單字是「校正原發性因素」和「症狀治療」。簡單來說，癌細胞侵入腹部導致腹痛時，使用止痛劑降低疼痛就是一種症狀治療，只能緩解但無法根治；如果是透過手術或化療消除癌細胞，則是校正原發性因素。同理，總是因為自己缺乏行動力而猶豫苦惱，所有的自我安慰只是暫時性的止痛藥或麻醉劑。就像癌細胞入侵時，若能徹底消除導致疼痛的原因才能一勞永逸，唯有行動，才能真正去除不快樂的心情。

　　周末起床之後，我總是想發懶。然而如果成天無所事事，到了晚上，我一定會對白白浪費掉的一天假日感到可惜，造成心情更焦慮更不好。因為清楚知道這一點，所以一到周末，我會從上午就開始保持忙碌，不是忙工作，而是做各種事情。我也不是每天都熱愛運動，有時難免會不想出門，但我知道運動完會很舒服所以依然去做。

　　不行動的人，在無法怪罪任何人的情況下只能攻擊自己，但老是自責，久了會得心病，更糟糕的是，一開始會很痛苦，過後就會轉換成另一種心理，開始找藉口

合理化，把「反正我做不到」掛在嘴上，將失敗主義當成理所當然的天性，但事實上，心靈深處仍繼續對自己感到失望。

2. 有行動力但野心太大

第二個情況是，有行動力但心情急躁，野心太大。就像一個無法自我肯定的完美主義者，看到更厲害的人總會忍不住拿自己跟他比較，偏偏又覺得再怎麼努力也贏不了。

有時看到網友在留言區留下「我每天都有記錄事後行事曆，但沒辦法寫得很仔細，浪費很多時間，覺得非常鬱悶」這類留言，我就會急得跳腳並回覆：「你不覺得光是每天寫記事本已經是很了不起的事了嗎？」

過於焦急的心情和完美主義的傾向，會讓自己走進死胡同，讓原本的計畫或決心更容易放棄。我見過很多和我同時期開始做、卻做得比我更好的人；但當我不間斷持續一陣子之後，也看到很多和我一起開始卻中途放棄的人。只要能持續下去，速度並不重要。

暢銷書《原子習慣》告訴我們，一天只要進步1%，一年後就能進步 37 倍 [註1]。我們的目標不是比昨天更厲害，而是每天取得 1% 左右的小小成長，狀態不好的日子裡只要保持習慣就算達標。我想做的並不是多麼了不起的事，就像每個運動選手不只是以摘金當作運動的唯

一目標，人們讀書也不是只為單一考試而準備。回到本書的原點，別忘了我們只是趁下班後的時間，做些對自己有意義的事，或試著從事一些令自己開心的興趣不是嗎？請不要自虐，好好享受晚間時光吧！

反省演算法：避免過度自責和合理化

反省是必要的，不是為了責備自己，而是為了察覺不足的部分，避免犯下同樣的錯誤，回顧過程以幫助自己朝更好的方向發展。想要比昨天進步1%的話，我們除了繼續前進，也必須適時回頭，檢視昨日的自己。不過問題往往會出現在反省之後，你得到的結果是坦然的修正行為，還是自虐和自我折磨？

反省也有方法，那就是避免過度自責和過度合理化，要取得中庸之道，我稱為「反省演算法」。

幹勁十足的人不會頻頻回頭看，自我檢視過後，他們會繼續樂觀的向前跑、再次向目標邁進。與其把焦點放在失敗之處，讓你感到鬱悶，不如再次採取行動，如此可避免過度負面思考。即使之前做的事、投入的時間讓自己覺得很失敗、或有後悔的地方，我們要做的是找到方法調整方向。

不如問問自己3個問題：

1. 為什麼沒有按照計畫進行？

你可能很單純的認定自己意志力不夠，但影響意志力強弱的因素可多了，例如健康狀況不佳、天氣太熱、今天上班壓力太大等等，必須盡可能分析讓你無法執行晚間計畫的因素，才能獲得妥善的解決之道。如果是身體狀況不好，那就找出加強體力的方法；如果在公司壓力太大，就思考看看如何釋放壓力。避免只是說出：「我又沒做到了，我就是那樣！」這種抱怨自己的結論。

2. 問題是否在於我無法駕馭？

分析出沒有按照計畫進行的原因之後，接下來想想「我是不是根本無法駕馭這件事？」沒錯，如果問題的關鍵是即使自己努力了也無法改變，那最好盡快忘掉它。對於無力改變的事情深陷自責深淵，過度糾結的人出乎意料的多。

3. 我是否已盡了全力？

我從馬歇爾・戈德史密斯（Marshall Goldsmith）的書《Trigger》註2 中學到了很好的反省標準，那就是「我是否已盡了全力？」。訂出每天想實踐的幾種主題之後，設計幾個問題自問自答以取得回饋，而每個問題的最後都必須以「我是否已盡了全力？」作為結束。書中把這種形式的問題稱為「主動提問」。例如，假設你的目標

是「每天正確飲食，維持健康」，想要獲得回饋的話，就訂出「是否盡力吃得健康、吃得剛好？」的提問來自省。

但所謂的盡力，並不是要你過著苦行僧的生活方式，總是會有很難掌握情況的時刻。例如聚餐的地點偏偏就選在烤肉餐廳，又免不了喝酒應酬，那就換個方式，盡可能多吃一點蔬菜、控制食量，帶著輕鬆的心情喝一杯酒就好，同樣可以多費一點心好好吃飯，而不是為了「正確飲食」就刻意回絕一切社交、自己過自己的日子。

如同上面的例子，有時候既想維持原本計畫又想努力配合周遭，權衡之下，難免會給自己比較大的壓力，但同時間也要注意，不要輕易自我合理化。

人本來就不可能100％跟著計畫走，但有些人可以很快的修正方向和策略，有些人則會往內歸因、開始責怪自己，你想當哪一種人？社會變化的腳步愈來愈快，能夠快速掌握問題，懂得修正策略的人能過得更自在而踏實。計畫出現問題時，請找出根源並改變因應模式，與其揪住自己不放，不如轉化為向外行動。

註1：詹姆斯・克利爾（James Clear），《原子習慣》（Atomic Habits: An Easy & Proven Way to Build Good Habits & Break Bad Ones），2019。

註2：馬歇爾・戈德史密斯（Marshall Goldsmith），《練習改變：和財星五百大CEO一起學習行為改變》（Triggers: Sparking positive change and making it last），2015。

☑ 問問自己

即使不完美，只要盡了全力，就值得自豪。

⏱ 不要讓完美主義
綁住你

從一開始就燃燒生命的人們

　　我最近覺得很意外，原來世界上有很多人都在等待所謂的「完美時機」。要做一件事之前，他們從準備物品到下定決心，都在癡癡等待適合的時機點，遲遲不肯開始。但是這個完美時間點，基本上都是個人空想而來，世界上哪裡會存在為了你萬事皆備的時機呢？

　　近來「等我辭職之後，要來當 YouTuber」已經成為一種流行說法，但實際上付諸行動的人少之又少。當被問到「你之前不是說要當 YouTuber，那開播了嗎？」，十之八九，不，一百個人裡面應該有九十九個人根本沒有開始。理由都一樣，我還沒決定要買哪一款相機、沒有燈光設備、我家很亂、還沒想好要上傳的內容等等，無論是心理上還是物質上的準備，都覺得還不夠。

　　當我決定使用社交網站經營個人品牌時，就立刻開

通 IG，使用幾天之後覺得不適合我，於是我很快改變方向，轉而經營 YouTube。決定之後，當天晚上我就在二手商店用 27 萬韓元（約 6,700 元台幣）買了微單眼相機，可惜的是裡面沒有記憶卡，我要多等一天才能拍攝影片。

隔天我買好記憶卡裝好之後，馬上就拍了影片上傳到 YouTube。到現在已經過了 3 年，我主要還是使用當時買的中古相機。有什麼東西需要花那麼多時間準備呢？就利用手上現有的開始去做，慢慢再更新即可。

想要等到一切準備就緒再開始的人，大部分連開始都還沒個影子，好不容易拍個 3 支影片上傳之後，就因為厭倦而放棄。光是第一支影片就感覺燃燒整個生命，累都累死啦！不免擔心拍下支影片又要耗去多少時間和精力──像這樣一開始就傾注全力求完美，很快就會精疲力盡。

不求「做得好」，但求「做得久」

各種報導資料都說，一天至少要跑 30 分鐘以上，才能發揮有氧運動的效果。聽到這種說法，我也不自覺想著「要這麼累喔？那我今天先休息，明天再開始努力好了」。聽說有些偶像每天運動 4 個小時，一天只吃一

餐，還只能吃三明治，聽完讓我覺得自己的減肥法太可笑了，突然失去衝勁。不要被騙了，那些偶像們是在登台前的兩個禮拜才那麼做，而且我們平凡人所養成的習慣，短的話要做一兩個月，長的話可是一輩子要跟著我們啊！

希望大家對於「無法達到完美」這件事能夠釋懷，我們現在做的事情不是開飛機、醫治生命、審判罪犯，我們做的事絕大部分都是可以容忍出錯的，尤其我在這本書所提到的訂晚間計畫、開始接觸副業、管理時間等，都是可以容許犯錯再修正。

我可以理解想要把事情做好的心情，但是請把這種決心轉移到「既然開始做，就要做得久」的方向吧。尤其是需要長期進行的事情，可持續性會比當下的品質更重要。我舉個可以立刻實踐的小事為例，以後不管是跟別人或跟自己講話時，都別用「你又何必做～～」當開頭。「多說正面的口頭禪」，就是人人隨時可以開始的第一個小目標。

即使是別人眼中微不足道的小事，只要持續去做，最後終會累積出人人稱羨的成就；或至少，也能成為令自己生命更滿足的能量。

你有沒有正在利用「完美」當作拖延的藉口？快修正目標吧！

意志力不夠而過度自我合理化時

行動力的養成，愈自然愈好

聽說韓國知名的「學習之神」高勝德在準備司法考試的時候，為了省下吃飯時間，把小菜和米飯放進攪拌機裡打碎再吃。因為這則趣聞軼事，應屆考生們在大考來臨前必須閉關苦讀時，常會打趣自己「最近啟動了高勝德模式」。很多人聽到這個故事之後，不禁讚嘆他「意志力真是驚人」，同時也反省怎麼以前沒辦法像他一樣發揮超強的意志力。

我的人生目前一共經歷過兩次大考，大學入學考試和獸醫師國考。我記得考前一個月左右，我也很捨不得把時間用來吃飯，肚子餓了就隨便吃一吃，以便趕快讀書，那段時光我放棄了很多能夠豐富人生的事情，只顧著埋頭苦讀。還好，只要是考試，共同點是有期限，無論考上還是沒考上，只要專心努力直到考完試為止就

好。重要的大考試、面試、報告等，這種戰場就是需要燃燒強烈的意志和鬥志，以及大量發揮爆發性專注力的時候。

然而考試有明確的期限，但我們的人生沒有。許多人脫離考試生涯後，誤以為仍需維持那段燃燒意志的時期，才稱得上充實過生活。不管是減肥、運動、進修、換工作……如果我沒辦法實踐計畫，是不是因為意志力薄弱？但正確來說，問題不在意志力，是缺乏行動力。實踐不需要強烈的意志，我們就只是去做昨天做過的事和現在應該做的事而已。

只要打開功能性記事本，看看「待辦事項」，把最緊急、最重要的事付諸行動，就是很好的做法。想要啟動強烈的意志，克服惰性，需要花費很多精力，但已養成習慣的行動力並不需要。

與意志力相反，行動力的養成，反而是盡可能自然舒心，愈不刻意愈好。

不要對所有事情卯足全力

很多人從小到大不斷煩惱「我的意志力太薄弱」，我也聽過很多人說羨慕我的毅力，通常我的回答是：「我們的目標不是登上阿爾卑斯山頂吧？不是摘下奧運金牌

吧？實踐不是靠意志力，是靠習慣。」

從心理層面來看，意志力和自律是綁在一起的概念，但太常使用意志一詞沒有太多好處。倘若事情不管大小都需要靠意志力執行，那一瞬間就會產生抗拒心理，因為莫名感覺那件事做起來很辛苦，肩膀變重了、腳步變慢了，有點不想做但必須勉強去做等等生心理反應也油然而生。因此，對於不是要決定人生關鍵大事的事情，就帶著「沒什麼大不了」的心情去做吧，如果對所有的事情都卯足全力，只會造成無謂的負擔。

我曾看過一部講述世界知名花式溜冰選手金妍兒的紀錄片，有一個片段是這樣的，金妍兒剛開始進行熱身操，旁邊的導演問她：「請問妳在熱身時都想些什麼？」金妍兒回答：「有什麼好想的，就想熱身而已啊。」

她直率坦白的回答播出之後，在網路上大量瘋狂，還被製成動態貼圖，流行了好一陣子。同樣的事情相信金妍兒已經重複做過數百次、數千次，她仍然可以用一種平淡無奇、泰然自若的方式去看待，我可以感受她的功力多麼深厚。

在行動之前，或者在行動之中，都不要想太多。我在還沒做一件事之前，會刻意、盡可能想得少一點。因為我領悟到行動之前所產生的念頭，大多很容易是負面的，像是「我會不會做錯？」或「我不太想做，但不行，我一定要做」。在腦袋裡自己跟自己吵架，結果都還沒

開始做就已經累死人了，力氣少一半、興致也燒掉一半。

　　也有很多時候是情緒阻礙了行動。心情不好的時候遲遲無法行動，光剩下東想西想，這些想法，皆是裹著合理外衣的情緒間諜。例如原本下定決心每天做重訓，某一天突然覺得不想去健身房，這時會啟動自我合理化模式，還刻意表現得非常理性，「聽說重訓本來就不需要天天做，休息兩天可以讓肌肉有恢復期，也能增加肌力不是嗎？」或「今天身體好像有點怪怪的，萬一去健身房練完就生病的話怎麼辦？明天要怎麼上班？」情緒間諜就這樣出現在耳畔竊竊私語。

　　不被情緒綁架的方法就是及時察覺，在自我合理化的心理啟動之前，搶先一步行動。我母親經常對我說：**「無論什麼事，感覺不想做之前必須快點去做。」**

　　奇妙的是，當你開始行動的瞬間，情緒也跟著煙消雲散，而行為會持續下去。例如你下定決心每天運動，突然覺得不想去時，不要想著「我果然沒有自制力！」，請改成「嗯，我又開始亂想，不要想了，走吧！」。

啊，又到了要運動的時間耶……

那就運動啊！想什麼！

☑ 問問自己

是否一開始就使錯力量，過度努力？避免才剛開始就沒力。

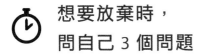

想要放棄時，
問自己 3 個問題

「放棄」不是失敗，而是決定之一

　　踏入職場之後，我換過兩份工作，最後進入第三家公司工作。我的運氣很好，3 家公司都很棒，各有各的優點，朋友們都羨慕我，但是到了該告別的時候，我毫無留戀轉身離開。

　　放棄也是一種決定，有行動力的人，到了該放棄的時候也乾淨俐落。人們分享成功經驗時，常避免談「放棄」的經驗。是不是多數人覺得放棄是一種失敗，放棄的人是失敗者的關係？

　　當我出現想要放棄的念頭時，也會浮現自我懷疑的想法。「我難道只有這點能耐嗎？開始的時候雄心勃勃，卻這麼容易放棄嗎？」這種想法可能衍生愧疚感，但是相較於害怕放棄而不敢開始的人，願意嘗試的人更好。即使嘗試到一半放棄了，也勝過連開始都不願意的人。

多方嘗試，挑戰過後，剔除不適合的事，也是一種好策略。尤其對於才剛下定決心積極過人生的「挑戰新手」來說，由於不太了解自己的喜好，涉獵各類不同的挑戰都是具有意義的。我也是做過非常多嘗試，後來大多放棄，只留下幾項適合我的項目，並持續到出版此書的現在。反覆試錯、找路，是每個人的必經過程，如果你對於是否該中途轉向感到茫然，或無法分辨是真的到了該放棄的時候，還是因為意志力不夠而慣性放棄，請看看我設計的 3 個問題，或許可以在你想要放棄的時候問問自己。

1. 是否覺得不再開心？

關於下班後所從事的活動，第一個選擇標準是「是不是會讓我開心的事情」。

因為開心而開始做的事情，如果已經不再開心而想放棄的話，哪會是問題？在工作崗位上要負責的事情已經夠多了，若連下班後要做的事情都感覺有壓力，一味覺得責任重大並不是好事。尤其是開始經營副業之後，卻一點也不樂在其中的話，等於一整天除了睡眠都在工作，不能下班。如果沒有樂趣，果斷放棄也無妨。

當然也有一些矛盾的情況。做的時候很有趣，但起身去做的前一刻覺得很懶。舉例來說，已報名舞蹈課，對跳舞這件事感到很興奮，但又懶得去舞蹈教室的話該

怎麼辦？試著忍耐一下，堅持看看。單純覺得是麻煩的事情，長期反覆去做，養成習慣之後，就沒那麼難了。不妨觀察，是不是純粹只因當下的發懶，蒙蔽了未來的樂趣？

2. 長期來看，是否沒有正面的成果？

有些事情雖然不愉快，但值得持續下去。典型的例子像是運動、自我充實、冥想等。這些事情雖然當下進行時並不有趣，但長期來看幾乎保證有益。這類事情只要熬過初期的痛苦階段持續做下去，到後來一定能產生樂趣。你看看身邊對運動上癮的人們就會知道，一開始無法實際感受進步時會有撞牆期，但當痛苦過去，伴隨而來的成長會讓人感受樂趣。

另外也要記得，再怎麼有趣的事，反覆做久了也會覺得厭倦。現在我正在寫作這本書，我一輩子的夢想就是出版自己寫的書，也就是成為作家。我高高興興開始執筆，但每周要寫滿目標的字數進度，我會很明顯感覺到強制性和壓迫感。所以我採用前述的番茄鐘工作法，讓坐在書桌前的我是被「綁定」的狀態。我喜歡寫作，也喜歡跟別人分享我的故事，如果因為短暫的不便和忙碌行程而放棄，也代表我必須放棄未來出版時的喜悅。

3. 是否只有對別人有好處？那自己呢？

　　如果第一和第二點不能滿足你，那麼更沒必要為了第三點持續下去。也就是說，倘若對自己而言一無樂趣、二無好處，只是為了別人而做的事，通常是一種犧牲，即使放棄也無妨。

　　舉例來說，就算是當無償義工，也不算犧牲自我，因為我們能從幫助別人當中獲得愉快、滿足和自信，內心的昇華就是實質的收穫。一旦做一件事、執行一個計畫既無法感受價值又不快樂，只是出於義務而做、為了他人而做，那就有必要重新思考該不該繼續──當然這也取決於每個人的價值觀。

不要在壓力最大的時候下決定

　　我們經常在壓力過大時，一氣之下決定「放棄」。但是當壓力罩頂時，反而最好不要在當下做重要的決定，說不定只是定期發作的短暫壓力，發作過後會自然消散。在一時衝動決定放棄之前，就以前面提到的 3 個問題反問自己，如果 3 個問題都是肯定的，那就果決的放棄吧。既不能長期帶來益處，對自己也沒有好處，卻仍執意去做沒有興趣的事，放不下又看不開，我們往往覺得這樣的人是傻瓜，但人性就是這麼奇怪，偏偏身邊

有很多這樣的人。只是看到別人都在做，所以跟著做；只是為了面子、為了從眾的安全感等等原因，非得硬著頭皮繼續不可，例如學習語言，或出於義務感的進修上課等。

　　不過也要提醒，雖然我認為前面提到的 3 個標準非常普遍，但對某些人來說也許並不適用。要不要試著訂看看，屬於自己的放棄標準呢？

　　說服自己放棄一項計畫並不容易，需要很大的勇氣，也要承受來自內心的心理壓力，包括至今付出的努力化為泡影的沮喪、沒有達標的惋惜感，以及懷疑自己是否不斷浪費時間的自責，更甚者，你可能覺得「我就是一個魯蛇」，質疑自己欠缺毅力等等。但是請不需要把失敗看得太嚴重。計畫的訂定和執行，就和自然界的基本真理一樣，不過是有出生就有死亡，有開始就有結束，有可能做好做滿也就有可能中途放棄，都是再普通不過的道理罷了。

　　別擔心，以我的經驗而言，如果是深思熟慮之後所下的決定，可能放棄之後反而獲得更多！雖然聽起來很老套，但是挑戰到一半而放棄的經驗，其實是一種自我了解的過程。經驗永遠是成長的資產。

　　人生只有一次，不要老是留戀已逝的光陰，與其不斷自苦，不如著眼當下，並思考如何更充實的運用未來時間吧！

要投入園藝嗎？

覺得對不起植物，所以決定放棄。

☑ 問問自己

是否被無謂的自尊心綁架？該放棄就放棄吧！

Tips

不再當喪屍，
管理體力的訣竅

　　就算我們已經很懂得管理時間，幾乎把 24 小時變成 48 小時般的運用，如果沒有體力撐過那「48 個小時」，也是白費工夫。有趣的是，原本我是大家公認體力很差的弱雞，後來卻變成再忙也撐得住的體能王。這就來介紹幾個很簡單的方法，雖然簡單，但實際做起來有可能頗有挑戰性呢！

·運動、運動，又是運動

　　每個人都知道想要增強體力就必須運動，但要貫徹執行並不容易。但愈是如此，就愈要努力找出適合自己的項目，畢竟缺乏樂趣的運動，就會很難持續。我原本也是一個沒辦法養成運動習慣的人，我試過瑜珈、皮拉提斯、重訓等好幾種運動，後來都放棄，最後我選擇了游泳。

　　不運動的人，第一個藉口多是沒有時間。但我正好

相反，在我還沒開始管理晚間計畫的時候，雖然上班忙、下班累，其實空閒時間仍算不少，但我就是沒有任何動力去運動，反而在我後來生活變得更忙更充實之後，才開始固定運動。因為有很多事想完成、想去做，我想要保持每一天都忙而不茫，但我擔心自己沒有體力，或萬一忙過頭把身體搞壞就適得其反了，為此我才開始運動。為了阻斷「太忙了、沒時間」的藉口，我的方法就是利用準備上班前的時間運動。很多人都會擔心，運動完才去上班會耗盡體力、好像太累了。老實說，一開始身體還在適應期的階段，真的很累，甚至有幾次我在上班的時候還不小心打起瞌睡呢！但很奇妙的，只要撐過前面一兩個月，之後身體就習慣了！

・人是習慣的動物：兩個月定律

不只運動，有不少計畫也是一樣的情況，剛開始做一件事的時候，因為「不習慣」這樣的生活節奏，耗神又耗體力，但撐過兩個月之後，就會產生足以維持那個習慣的體力。「就說人是習慣性的動物啊……」還能自我調侃一番。每個人養成新習慣的時間長短不一，但一般而言，兩個月的習慣定律多半能奏效。前兩個月難免時不時會冒出想要放棄的念頭，夜深人靜時搞不好還會想哭、想罵自己沒事找事做，但請試著相信自己，進行下去吧！

‧吃得好，就是對自己好

這是人們最基本但偏偏很難做到的事情之一。俗話說：「你吃了什麼，就會變成什麼。」但很多人會有迷思，以為吃得好就是吃下能量密度高的食物。其實沒有力氣或疲勞時，不一定非得吃很多所謂的營養品或補品才能重新活過來，反而只要吃適量、容易消化的食物，重點是開心的吃，就會恢復活力。特別要提醒，吃過多的宵夜會降低睡眠品質，使得隔天精神不濟，要盡可能避免。多吃新鮮的蔬菜、海藻類、水果，以及多喝水也很重要。

‧陽光比 3C 重要

適當曬太陽不只對身體健康有益，對精神健康也很重要。最近大家對紫外線避之唯恐不及，當然過度暴露在紫外線下會引起皮膚病變和眼疾等，具有危險性，但陽光曬得太少也是問題。

身體的生理機轉在光線明亮時可辨別出「早晨」，在昏暗時辨別出「晚上」，但如果不分晝夜都使用 3C、被藍光刺激，大腦就無法保持清醒去判別晨昏。如果白天和夜晚的界線變得混淆不清，就會讓人睡不好。

試著白天時拉開窗簾，在明亮光線下活動，到了晚上則務必減少電子產品的使用時間。我工作的地方窗戶很少，不太能照到陽光，所以我吃完午餐會離開公司，在附近走個 10 分鐘，享受日光浴。因為這樣，我的餐後

嗜睡症也大為改善。尤其如果你有嚴重的季節性情緒失調，我的建議是在日照減少的秋季和冬季，白天拉開窗簾，並且抽空走出室外曬曬太陽。

・冥想

冥想和體力有關係嗎？我的回答是「有」。個性太敏感的人經常感到疲倦，因為精神上的消耗帶動體力消耗。我本來就是想很多的人，晚間為了讓一刻也不停歇的雜亂腦袋冷靜下來、平靜入睡，我開始嘗試冥想。只練習幾次、要不了多久，我很明顯感覺思考變得單純明確，比以前更能夠專注在現在的生活。當我突然出現想要三頭六臂做很多事情的衝動時，我也能很快察覺出來並且屏除雜念，恢復原本平靜的狀態。

人人都可以冥想，尤其對思緒繁亂的人們來說更是有效。如果要為冥想下定義，那就是一種達到「思想極簡主義」的好工具。

讓思想也能極簡

好好吃、好好睡

AFTERWORD

我今天也快快樂樂去做
「要做的事」

　　我不是立志想要闖出一番大事業的人，我也不會為了畫出未來的夢想大餅，忍耐去做自己不喜歡的事。但是人生中總會遇到必須去做不喜歡的事的時候，於是我想要找出要領，看看是否至少能讓自己做起來輕鬆一點。思考到最後，我有了一個結論，讓討厭的事做起來輕鬆一點的方法，就是設計成「例行計畫」，把願望變成具體的目標，並進一步研究各種方法，好讓我的計畫建立起來更容易，也更有可能持續實踐。我把我的結論上傳到YouTube和人們分享，也組成了「養成習慣社團」。

　　總結來說，我沒有野心要做出什麼了不起的大事，我只是一個為了把生活過得快樂輕鬆而非常努力的人。「哪裡不一樣？」你也許會這樣想，但輕鬆的事情和有趣的事情，讓我再怎麼做也不會厭煩，不覺得耗神耗力，

這就是我的原則。

「喜歡的事認真去做，討厭的事讓它變得簡單。」

我希望讀這本書的人們，不要為了讓今天過得比昨天更了不起而逼迫自己，因此我一次又一次不斷修正書稿，想了好久又多寫下這段文字。**要改變自己，並不是因為現在太差，而是為了追求更好。**因此我衷心希望你不要認為自己現在不夠好、必須加倍努力、必須徹底改造，彷彿只有翻轉未來才能讓人生過得有意義。

有目標是好事，但殘酷的是，為了緊抓住目標而勞神傷財、拚死拚活，反而會走上彎路，無法順利達成目標。只有帶著快樂的心去做事的時候，才會愈做愈順利，當你樂在其中，就不會對結果太過執著。

如果同樣都要付出努力，對於討厭的事，無論如何都不要為了「追求完美」而拚，而是想方設法讓它做起來是快樂的。以晚間計畫而言，我們可以為了達成目標而行動，但切記要調整心態，達成也好，沒能達成也不要喪志。

當我們完成心中嚮往的目標時也許會感到快樂，但也可能沒想像中那麼興奮，但我可以肯定，一旦太過執著於未來的目標，人生就會變得不快樂。重點是眼前，把今天該做的事，用開心的心情去做完吧！

我會一邊想像有人在讀完這本書之後變得更快樂，

一邊愉快的寫作。我用感謝和自在的心情享受每個寫作的時刻，最後帶著輕鬆的心情停筆。

2020 年 12 月

柳韓彬

打造高效又舒心的
晚間計畫

4 個好用表格

（掃描後可下載附錄的 4 個表格）

〔曼陀羅思考法〕

　你也想要擁有高品質的晚間時光、打算建立晚間計畫表，卻苦於不知從何著手？請先從思考目標開始。曼陀羅思考法是協助我們描繪行動藍圖的好用工具，讓抽象的目標具體化，並藉以釐清計畫的方向。

撰寫方法

1. 把自己最想做的事情訂為最主要的核心目標，寫在中間。

　（如「新年目標」、「擁有健康的身體」……）

2. 把核心目標再拆分成 8 項類別。

　（主要目標是「新年希望」，可分成「人際關係」、「自我充實」、「提升工作能力」等面向。）

3. 針對 8 項次目標寫下執行內容。

* 具體撰寫方法可參考 93 頁

〔行動方案〕

　　以曼陀羅思考法所整理出的目標，如果需要更系統化的訂執行計畫，可以利用行動方案將它步驟化，以便確認優先順序。

撰寫方法

1. Goal：填寫自己想要達成的目標。

2. By when：填寫目標的截止期限。

3. How：填寫為了達成目標，需要具備哪些策略和準備，並按照優先順序予以編號。

4. 行動方案：需要具體採取的步驟，並按照優先順序予以編號。

5. 訂出開始日期和結束日期。

6. Goal achieved：填寫最後達成目標的日期。

* 具體撰寫方法可參考 98 頁

ACTION PLANNER

開始日：

Goal

· By when?

· How?

優先順序	行動方案	開始日期	結束日期
●			
●			
●			
●			
●			
●			
●			
●			
●			
●			

Goal achieved

〔晚間計畫表〕

　　試著排定晚間的常規計畫時間表吧！建議在固定的
時段內做相同的事情，可以列出重點目標，也可以把運
動或讀書等想要有系統、須持續進行的活動，按照時段
排定行程。

撰寫方法

1. 一開始撰寫時，只要思考整體輪廓，整理出大概
　 的方向即可。
2. 執行幾天之後，調整順序。
3. 時間表的目的是整理出要做的事，不必強迫自己
　 一定要按時執行，盡可能保持彈性。

* 具體撰寫方法可參考 134 頁

EVENING PLANNER

Time table

	MON	TUE	WED	THU	FRI
17:00					
18:00					
19:00					
20:00					
21:00					
22:00					
23:00					
24:00					

〔時間軸計畫表〕

需要管理時間的人,不可或缺的就是事後記錄型時間軸計畫表(功能性記事本)。這是用來記錄最近每一個小時所做的事情。持續記錄下去,可以知道自己如何運用時間,也可以為未來要做的事情安排時間。

撰寫方法

1. To-Do List:在前一天晚上先寫好。按照重要程度從 1 開始寫,0 寫下不重要但需處理的雜事。

2. Timeline:在時間軸的左側記錄目前進行中的事項或當天的約會。

3. Today's goal:寫下今日的決心。

4. 把當天內每一小時實際做完的事寫在 Timeline 的右邊。如果很難每個小時寫記錄,先寫在便條紙或利用通訊軟體的訊息功能記錄下來,事後再填上。

5. Check:寫下覺得重要的項目,例如運動、喝水、拉筋等,用來記錄一天做了幾次。

* 具體撰寫方法可參考 124 頁

DAILY PLANNER

Date :

Today's goal

Timeline

06:00	
07:00	
08:00	
09:00	
10:00	
11:00	
12:00	
13:00	
14:00	
15:00	
16:00	
17:00	
18:00	
19:00	
20:00	
21:00	
22:00	
23:00	
24:00	

To-Do List

1 ☐
2 ☐
3 ☐
4 ☐
5 ☐
6 ☐
0 ☐
0 ☐
0 ☐

Check

○ ○ ○ ○ ○ ○ ○ ○

Check

原子時間

奇蹟的晚間4小時，改變人生、收入翻倍，社畜獸醫的時間管理實證

아침이 달라지는 저녁 루틴의 힘（THE POWER OF THE EVENING ROUTINE THAT CHANGES THE MORNING）

作者	柳韓彬（Ryu Hanbin ）
譯者	張亞薇
主編	莊樹穎
書籍設計	Bianco Tsai
排版協力	李碧華
插圖	Leremy / Shutterstock.com

行銷企劃	洪于茹、周國渝
出版者	寫樂文化有限公司
創辦人	韓嵩齡、詹仁雄
發行人兼總編輯	韓嵩齡
發行業務	蕭星貞
發行地址	106 台北市大安區光復南路202 號10 樓之5
電話	(02) 6617-5759
傳真	(02) 2772-2651
讀者服務信箱	讀者服務信箱 soulerbook@gmail.com
總經銷	時報文化出版企業股份有限公司
公司地址	台北市和平西路三段240 號5 樓
電話	(02) 2306-6600

第一版第一刷 2021 年8月1 日
第一版第廿六刷 2024 年6月17日
ISBN 978-986-98996-9-7
版權所有 翻印必究
裝訂錯誤或破損的書，請寄回更換

國家圖書館出版品預行編目（CIP）資料

原子時間：奇蹟的晚間4小時,改變人生、收入翻倍,
社畜獸醫的時間管理實證/柳韓彬著；張亞薇譯. --
第一版. -- 臺北市：寫樂文化有限公司, 2021.08
　　面；　公分
譯自：아침이 달라지는 저녁 루틴의 힘
ISBN 978-986-98996-9-7(平裝)

1.時間管理 2.生活水準 3.自我實現

494.01　　　　　　　　　　110009444

擺脫窮忙，
快樂提升收入，

把時間留給自己！